ÉTUDE

SUR

LE SOL, LES ENGRAIS & LES PLANTES

DANS

LEURS RAPPORTS AVEC LA PHYSIQUE & LA CHIMIE

PRÉCÉDÉE DE QUELQUES LIGNES SUR

L'EXCELLENCE DE L'AGRICULTURE

PAR

E. ROCHET

Membre de l'Académie Nationale, Agricole, Manufacturière et Commerciale de Paris;
De l'association libre des cultivateurs de Ghistelles (Belgique);
Ex-membre résidant de la Société des Sciences Physiques et Naturelles de Bordeaux.

	TRADUCTION
Neque qui plantat est aliquid neque qui rigat; sed qui incrementum dat, Deus.	Ce n'est pas celui qui plante ou qui arrose qui est quelque chose, mais celui qui donne l'accroissement : Dieu.
Ep. ad Corinth. c. III v. 7.	

BORDEAUX

OFFICE CENTRAL DE PUBLICITÉ ET IMPRIMERIE AUG. BORD

91, RUE PORTE-DIJEAUX, 91

1868

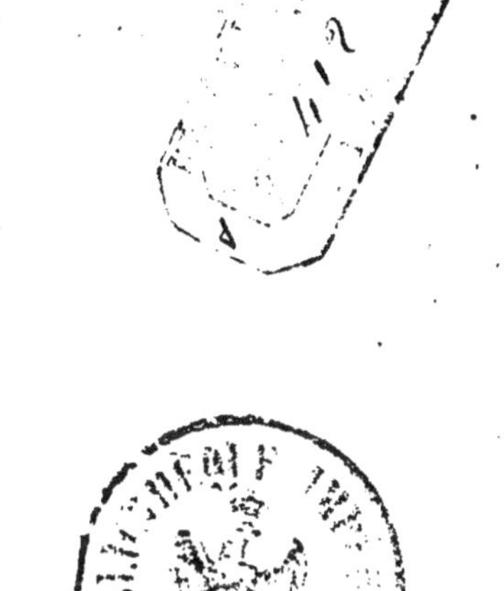

ÉTUDE

SUR LE SOL, LES ENGRAIS & LES PLANTES

ÉTUDE

SUR

LE SOL, LES ENGRAIS & LES PLANTES

DANS

LEURS RAPPORTS AVEC LA PHYSIQUE & LA CHIMIE

PRÉCÉDÉE DE QUELQUES LIGNES SUR

L'EXCELLENCE DE L'AGRICULTURE

PAR

E. ROCHET

Membre de l'Académie Nationale, Agricole, Manufacturière et Commerciale de Paris ;
De l'association libre des cultivateurs de Ghistelles (Belgique) ;
Ex-membre résidant de la Société des Sciences Physiques et Naturelles de Bordeaux.

*Neque qui plantat est aliquid,
neque qui rigat; sed qui incre-
mentum dat, Deus.*

Ep. ad Corinth. c. III v. 7.

BORDEAUX

OFFICE CENTRAL DE PUBLICITÉ ET IMPRIMERIE AUG. BORD

91, RUE PORTE-DIJEAUX, 91

1868

INTRODUCTION

DE L'EXCELLENCE DE L'AGRICULTURE

L'agriculture est de tous les temps, de tous
les lieux, de tous les pays. Cela seul suffit pour
en démontrer et l'utilité et l'excellence; mais
gardons-nous de voir dans l'agriculture quelque chose de seulement matériel, et qui ré-
clame, pour son entretien et sa perpétuité,
plutôt le concours de la force que celui de l'intelligence. Non, il ne saurait en être ainsi,
surtout à une époque où chacun se vante, et à
bon droit, de s'occuper de son domaine, et de
lui demander dans un temps voulu la récom-
pense de ses peines et de ses labeurs.

Aujourd'hui, l'instruction s'étend à toutes les classes de la société. On veut tout connaître, tout savoir : on a raison, pourvu cependant que l'on n'entreprenne pas de dépasser des limites au-delà desquelles pourraient s'égarer trop facilement et le cœur et l'intelligence. Mais ne craignons pas, dans les choses agricoles, de pousser trop loin nos recherches et nos investigations; car plus loin nous irons, plus facilement nous reconnaîtrons que, dans l'agriculture, se trouvent tous les éléments qui doivent servir de base à une institution sociale, c'est-à-dire science, moralisation, civilisation et richesse.

L'agriculture instruit; elle nous apprend et nous révèle le secret de toutes les sciences, aussi bien celles qui tiennent le plus immédiatement de Dieu que celles qui semblent être le fait de l'homme. C'est le grand livre ouvert à tous les cœurs et à toutes les intelligences. Les plus humbles comme les plus fiers, les plus ignorants comme les plus savants, peuvent tour à tour trouver dans ces pages de la nature une réponse aux investigations d'un esprit avide de connaître et d'apprendre. Là se développe tout entier le sujet de ces admirables contemplations qui font à chaque pas reconnaître le doigt d'un Dieu aussi bon que puissant Là se manifestent, en se déroulant peu à peu, des mystères toujours plus impénétrables à mesure qu'on semble les approfondir et dont les secrets toujours cachés feront l'éternel désespoir des érudits et des savants. Ils cherchent longtemps, ces génies qui s'imaginent saisir et surprendre les sublimes inventions de cette Sagesse *se jouant au milieu de l'univers* Après avoir scruté les abîmes, découvert les choses inconnues, ils sont obligés de redire avec un de leurs illustres devanciers, qui avait beaucoup vu et beaucoup appris : *Ce que je sais le plus, c'est que je ne sais rien!*

Néanmoins, constatons rapidement que si l'agriculture n'est pas, à proprement parler, l'origine et la source de toutes les sciences physiques et naturelles, elle sait du moins se les approprier et les mettre successivement à son service. Les sciences physiques trouvent, dans l'agriculture, et leur origine et leur application. Les grandes lois de la chaleur, de la lumière et de la pesanteur sont indispensables au succès d'une agriculture heureuse et féconde. Je sais bien que l'humble laboureur ignore ces grands principes et ces fondements immuables; mais, sans le savoir, il est l'instrument par lequel s'accomplit la série de merveilles qui passent sous ses yeux et dont il ne peut se rendre compte. Il sait cependant qu'il faut de la chaleur, et c'est pourquoi il choisira, pour certaines cultures en particulier, un endroit plus exposé aux rayons fécondants du soleil.

Il sait qu'il faut de la lumière et que la plante qui en est privée s'étiole et languit; aussi cherchera-t-il à écarter des ombres trop épaisses pour assurer à son champ une lumière aussi douce que vivifiante. Il sait qu'un terrain trop dense ou trop léger ne serait pas apte à recevoir toutes les semences; aussi va-t-il s'occuper à l'ameublir, soit par de profonds labours ou des transports de terre. Son intelligence, plus observatrice qu'éclairée, a compris toutes ces exigences et tous ces soins; il ne les explique pas, mais il se guide d'après des faits déjà connus, et c'est pourquoi il ne faut pas être un grand savant pour être un habile agriculteur, puisque le plus souvent il ne s'agit que d'observer et d'agir d'après des faits déjà constatés.

Mais si les sciences physiques relèvent de l'agriculture en lui prêtant un puissant concours, les sciences naturelles, sous quelque côté qu'on les envisage, y tiennent encore plus, et, pour s'en convaincre, il suffit de les nommer. La physiologie végétale ou animale est une des grandes bases sur laquelle repose tout l'édifice agricole. La chimie, soit minérale ou organique ; la chimie, cette science née d'hier et aujourd'hui si riche et si puissante ; la chimie, qui, par-dessus toutes les autres sciences, semble s'être arrogé le droit de demander aux éléments et leur cause et leur origine, est la source assurée du progrès de l'agriculture à venir. Disons-le pour son passé, elle n'a commencé à prospérer et à grandir que du jour où des génies déjà cités l'ont éclairée de leurs lumières, puisées au sein de cette science tout à la fois si aride et si attrayante. Oui, les œuvres de ces hommes si savants et si profonds sont là pour l'attester. La *Chimie agricole* de Humphry Davy, illustre savant anglais ; l'*Économie rurale* de Boussingault, une des plus belles gloires de l'Institut; la *Chimie industrielle* de Payen, cette grande lumière de la science moderne; la *Chimie appliquée à l'Agriculture* d'Isidore Pierre, le savant professeur de la Faculté des sciences de Caen; les *Lettres sur l'Agriculture* de Liebig, un des plus nobles représentants de la science allemande: toutes ces œuvres, dis-je, sont autant de monuments élevés à la gloire de l'agriculture en enseignant et instruisant.

Et les anciens n'en avaient-ils pas fait, eux aussi, l'objet de leurs profondes études? Et pourrait-on en douter après la lecture attentive des auteurs géoponiques, d'Hésiode, de Caton, de Narron, de Columelle, de Pollodius, de Pline, de Virgile même, dont les vers harmonieux peuvent être regardés comme le résumé des connaissances agricoles de l'antiquité?

L'agriculture moralise les peuples, et elle seule les maintient dans leur véritable sphère. Si tout d'abord nous demandons à l'histoire des siècles passés la preuve de ce que j'avance, nous la trouverons dans la décadence successive des nations qui se sont écroulées et anéanties du moment où elles ont cessé d'être ce que

primitivement elles avaient été, c'est-à-dire
agricoles. Aux travaux si féconds et si paisibles
des champs a succédé le fracas des armes, et,
avec les horreurs de la guerre, toutes les passions et toutes les licences ont fait irruption
dans des lieux où par droit de naissance ré-
gnaient l'union, la concorde et la paix. Que de
nations, que de villes seraient encore debout
dans toute leur beauté et leur splendeur, si
elles avaient su garder les éléments de prospérité que l'unique culture de leur sol pouvait leur apporter! L'Égypte, la Syrie, la Grèce
et des régions plus vastes encore vivraient
aujourd'hui autrement que par le souvenir, si
le règne des passions débordées n'avait pour
longtemps détrôné l'empire si doux et si tuté-
laire de l'agriculture.

Nos pères avaient bien compris que l'agriculture était digne de tout honneur et de tout
respect, parce qu'elle seule renfermait le véritable élément de civilisation et de moralisation.
C'est avec raison qu'on a dit qu'elle était le premier des arts. Elle est née avec l'homme, elle
est de tous les temps. Cultiver la terre fut presque l'unique occupation des patriarches, ces

modèles de l'homme des champs par la simplicité de leurs mœurs, leur bonté, leur généro-
sité et l'élévation de leurs sentiments.

Les plus grands personnages de l'antiquité
ont fait de l'agriculture leurs plus chères dé-
lices. L'histoire rapporte que Cyrus avait planté
lui-même la plupart des arbres de ses jardins,
et qu'il ne dédaignait pas de les cultiver. A
Sparte, à Lacédémone, les législateurs faisaient
une obligation des plus sérieuses à leurs peuples
d'apporter tous leurs soins à la terre lorsque
la défense de la République ne les appelait pas
sous les armes. Ils savaient, ces profonds législateurs, que dans la pratique de l'agriculture
se trouvait la source de la vertu ; qu'elle seule
peut donner le goût de la simplicité, des choses
utiles et des occupations sérieuses. Dans l'empire romain, les grands de la nation cultivaient
leur héritage, les consuls, les généraux dépo-
saient volontiers leur bouclier et leur cuirasse
pour aller aussi fièrement tailler leur vigne,
cueillir leurs olives et moissonner leur blé. Ci-
céron ne dit-il pas quelque part : « De tout ce
qui peut être entrepris ou recherché, rien n'est
meilleur, rien n'est plus utile, plus doux, plus

digne d'un homme libre que l'agriculture? (1) »

Mais, avec les siècles qui marchaient, avec les peuples qui disparaissaient, laissant derrière eux la dévastation et la mort, l'agriculture devait-elle aussi disparaitre et périr? Non, mille fois non. L'Eglise, qui s'élevait sur les débris du vieux monde, allait à son tour honorer, sanctifier le premier art des hommes, s'établir dans des lieux inconnus et inhabités; et, bientôt, elle verra ses plus fervents disciples se réunir sous un même chef et sous une même loi, pour jeter profondément dans le sol les premiers germes de prospérité et de civilisation. Oui, ce sont ces religieux, fidèles dépositaires de la science d'autrefois, qui ont défriché les forêts et les landes, assaini les plaines, creusé les canaux et fondé les colonies agricoles qui, plus tard, sont devenues des villes importantes. Succédant à ces Francs qui ne connaissaient que meurtres et combats, ils s'emparèrent de ces Gaules et les couvrirent de fertiles moissons qui procuraient partout l'abondance et la richesse.

---

(1) Omnium rerum exquibus aliquid exquiritur, nihil est agricultura melius, nihil uberius, nihil dulcius, nihil homine libero dignius. (CICERO. De officiis.)

Continuons donc leur œuvre, ils nous ont donné un puissant exemple que les siècles n'ont pu et ne pourront faire oublier. Aimons les champs, et surtout que ceux qui y sont nés ne songent point à les quitter.

La vie des champs paraît rendre meilleur ; les occupations y sont si belles, si vastes, si variées que l'esprit, l'imagination et le cœur n'ont pas le temps de s'égarer loin du chemin frayé par l'honneur et la probité. Le calme et le silence des campagnes ne sont-ils pas préférables au tumulte et au bruit des villes ? Oh ! combien, à l'heure présente, regrettent l'abandon des champs qui les virent naître ! combien échangeraient le marteau de l'atelier contre le soc de la charrue, et leur ennui de la grande ville contre l'occupation de la ferme et des champs ! Ils respiraient librement au milieu de la belle et riche nature ; aujourd'hui ils ne trouvent plus d'air au milieu des carrefours et des rues où, si souvent, on trafique de l'honneur et de la santé. Constatons une fois de plus et avec les esprits sérieux de notre époque que l'abandon des champs, s'il continue, sera le fléau des grandes villes et la ruine des campagnes.

Avec l'heureux mouvement qui de toute part est donné aujourd'hui aux choses agricoles, espérons que les campagnes redeviendront ce qu'elles étaient autrefois, et que de tous côtés surgiront des travailleurs dignes de ceux qui les ont précédés. Ce sera là, il faut l'avouer, une des plus belles missions de l'Agriculture moderne. Déjà elle l'a commencé en fondant des fermes-modèles, en établissant des Orphelinats agricoles, où de pauvres enfants abandonnés et errants dans nos grandes villes trouvent, en même temps qu'une vie matérielle, une vie intellectuelle et morale. Les Comices agricoles, les Sociétés d'agriculture sont autant de moyens de rapprochement entre les opulents des cités et l'humble habitant des campagnes, et, si ce contact ne moralise pas tout d'abord, du moins il civilise et prépare d'heureux résultats. Me servant ici d'une profonde pensée de l'abbé Raynal, je dirai que c'est à l'agriculture que notre société moderne devra son retour à la véritable civilisation et surtout à la moralisation dont elle éprouve un si pressant besoin. Ce philosophe des temps modernes, disait avec juste raison « que les hommes comme les choses roulent dans un cercle défini d'où ils ne peuvent sortir, et que l'excès de civilisation les ramène au point d'où ils sont partis. C'est l'agriculture qui, dans le début, a moralisé et civilisé les peuples, c'est l'agriculture qui, de nouveau, les moralisera et les civilisera.

Enfin, l'agriculture enrichit. Cette assertion, pour beaucoup, semble être paradoxale, surtout à une époque où l'on ne songe qu'aux grandes spéculations, où la fortune semble obéir à qui paiera de plus d'audace et d'intrépidité. Mais détrompons-nous : aux grands coups les grands revers, aux grandes élévations les grandes chutes.

On peut dire que l'ambition démesurée d'acquérir vite et beaucoup est une des plus grandes épreuves qu'ait à subir l'agriculture moderne. Mais si l'on réfléchissait que celle-ci promet et donne toujours, tandis que celle-là ne produit souvent que ruine et déception, on préférerait évidemment l'une à l'autre ; et puis d'un côté se trouve la stabilité, tandis que de l'autre il faut sans cesse édifier et presque toujours détruire.

Disons-le bien haut en passant, là où l'agri·

culture a été prospère, là, les peuples et les
individus ont été dans la richesse et l'aisance;
là où les champs ont été intelligemment cultivés, là, le bien-être s'est fait sentir. La véritable et solide richesse se trouve dans le sol, et
du jour où il sera négligé, la fortune publique
sera justement compromise.

Et, en effet, du nord au midi, la France ne
nous montre-t-elle pas une augmentation dans
la prospérité et la richesse; mais cet accroisse-
ment ne trouve-t-il pas aussi sa raison d'être
dans l'élan donné depuis quelques années aux
choses agricoles?

Pourquoi Lille et les villes qui l'environnent
envoient-elles sur tous nos marchés leurs sucres
et leurs alcools? C'est que l'agriculture a fait
naitre dans ces contrées une plante inconnue
jusqu'à ce jour et dont les produits toujours si
abondants récompensent généreusement les
efforts de ces infatigables travailleurs.

Pourquoi Marseille, Nice et tant d'autres cités
du Midi revètent-elles un cachet de grandeur et
de prospérité qu'elles semblaient avoir définiti-
vement acquis depuis des siècles? C'est que le
sol de la Provence est de plus en plus creusé et

qu'on s'efforce de lui faire rendre chaque jour
tous les trésors qu'il renferme dans son sein.

Pourquoi voit-on Lyon se couvrir de splendeurs et porter presque le défi à la capitale de la France? C'est que l'industrie que l'on ne pourra jamais ravir à son sol va toujours en prospérant, grâce à la culture des mûriers, aussi intelligente que féconde.

Pourquoi Bordeaux, dont l'opulence et la richesse trouveront peu de rivales, Bordeaux situé au centre du riche bassin formé par la Garonne; Bordeaux que baigne ce fleuve majestueux dans lequel viennent se jeter, se résumer d'innombrables cours d'eau; Bordeaux qui dut sa fondation, sa renommée, son opulence au commerce; Bordeaux qu'au temps d'Auguste, Strabon qualifiait déjà d'*Emporium* (1) célèbre; pourquoi? C'est qu'à cette ville et aux pays dont elle est la capitale, peut s'appliquer ces paroles par lesquelles le Roi-Prophète exalte les richesses des enfants des hommes : « *Ils se sont multipliés et enrichis par l'abondance de leur froment et de leur vin.* » C'est que ses produits,

---

(1) Marché.

si connus du monde entier, conserveront toujours leur invariable supériorité, due à son sol
d'abord et à l'intelligence ensuite de ses habiles
vignerons.

Si ces quelques lignes ont pu nous prouver
que tel était le rôle de l'agriculture, c'est-à-dire
instruire, *moraliser* et *enrichir*, nous en dé-
duirons, comme conséquence pratique, que tous
doivent l'honorer et la respecter, et qu'elle doit
être de plus en plus l'unique occupation de
ceux qui, par mission ou par état, sont appelés
à lui consacrer leur temps.

Non, l'agriculture n'est pas assez honorée et
respectée; et c'est pourquoi cette génération
qui nous suit, qui nous presse, ne semble pas,
à son gré, grandir assez vite pour aller, loin du
sol qui la vit naître, chercher des éléments
trompeurs de richesse et de prospérité.

Pendant qu'il en est temps, efforçons-nous
d'opposer une digue à la plus redoutable des
calamités. Dans quelque position que nous oc-
cupions, et surtout si la fortune nous a procuré
des avantages, soyons les premiers à donner
l'exemple du respect auquel a droit l'agriculture.

Qu'elle soit respectée dans ce vieillard qui a creusé autant de sillons qu'il compte encore de cheveux blancs; qu'elle soit respectée dans ce jeune homme dont les bras vigoureux sauront vaincre tous les obstacles; qu'elle soit respectée dans cette faible femme qui, se dérobant aux soins du foyer, où souvent sa tendresse devrait la retenir, veut, elle aussi, répandre ses sueurs pour augmenter, s'il se peut, le bien-être de la famille; qu'elle soit respectée dans ce petit enfant auquel obéissent avec docilité les animaux parfois les plus terribles confiés à sa garde timide

Mais que l'agriculture soit surtout respectée dans les œuvres mêmes de la nature. A voir ce qui se passe souvent sous nos yeux, ne semble-t-il pas que l'homme ait pris à tâche de contredire, de contrefaire les œuvres de Dieu comme celles de ses semblables? Mais il a beau faire, s'il triomphe, la victoire n'est que de courte durée, et la justice, qui semble un moment détrônée, ne tarde pas à reprendre ses droits.

Respectons les œuvres de cette admirable nature, qui, ne s'écartant jamais des lois qu'elle a établies, accomplit sans cesse de nouvelles merveilles ; tandis que l'homme semble s'efforcer, au contraire, de détruire ces sublimes harmonies, pour lesquelles il ne pourra jamais trouver assez d'admiration et de reconnaissance.

Nous respecterons et nous honorerons encore l'agriculture en recherchant les livres qui s'en occupent. Les livres, ce sont nos meilleurs amis : avec eux, point d'ennuis, point de discussions ; avec eux, le calme et la tranquillité ; avec eux, enfin, l'esprit se développe, et, dans ce travail de l'intelligence, l'âme se fortifie, comme dans les labeurs de chaque jour le corps augmente et accroît ses forces.

Ainsi comprise, ainsi honorée, ainsi respectée, l'agriculture continuera parmi nous la mission que nous aimions à lui reconnaître plus haut ; et, de même que dans le début, elle a moralisé et civilisé les peuples, espérons que, de nouveau et de plus en plus, elle les moralisera et les civilisera.

ÉTUDE

SUR

LE SOL, LES ENGRAIS ET LES PLANTES

DANS LEURS RAPPORTS

AVEC LA PHYSIQUE ET LA CHIMIE

SOL

CHAPITRE PREMIER

GÉOLOGIE DU SOL

La première question qui tout d'abord demande à être étudiée, est celle qui concerne l'origine du sol que nous cultivons. A la géologie, à cette science qui, quoique très-aride, a le don de charmer un esprit ardent et investigateur, nous demanderons nos premiers renseignements.

Constatons tout d'abord que la matière qui constitue le globe terrestre n'est point homogène dans toutes ses parties, qui se divisent en trois masses bien distinctes :

1° L'une gazeuse, *l'atmosphère;* — 2° l'autre liquide, *l'eau;* — 3° la troisième solide, *la terre,* proprement dite. C'est cette dernière partie qui doit nous occuper.

Quoiqu'on ait pu pénétrer assez profondément dans son sein, on en est encore réduit pour le moment à étudier ce que les géologues appellent *l'écorce* du globe.

Dans l'état actuel de la science, on divise généralement cette écorce en cinq grands groupes de terrains qui, dans l'ordre de superposition, en allant de bas en haut, se succèdent de la manière suivante :

Terrains primitifs,
— *de transition,*
— *secondaires,*
— *tertiaires.*
— *diluviens* ou *de transport.*

Quelques mots sur ces cinq divisions suffiront, je crois, pour donner une idée assez précise de la terre que nous habitons.

Terrains primitifs. — Les terrains primitifs se trouvent partout au-dessous des autres formations. Trois substances minérales dominent dans ces terrains ou dans les roches qui les constituent : ce sont le *mica,* le *feldspath* et le *quartz.*

Réunies en grains plus ou moins gros, ces substances composent ce que l'on nomme le *granit* ou mieux les roches granitiques, les calcaires marbres, les roches schisteuses et feuilletées, comme les ardoises, qui entrent encore dans les terrains primitifs.

A l'action du feu on attribue la formation des groupes inférieurs de cette première classe de terrains : l'aspect de ces roches démontre et confirme, même la supposition qui fait admettre que les parties les plus inférieures du globe sont dans une perpétuelle fusion. Aucun débris fossile ne se retrouve dans ces terrains de première formation, mais nous y rencontrons la source des *eaux minérales et thermales.*

La décomposition de ces roches influe d'une manière plus ou moins directe sur l'agriculture des contrées appartenant à cette période. Presque jamais cette formation ne donne lieu à des plaines de quelque étendue. Ce sont des montagnes nues, taillées par échelons, abruptes ou déchirées dans tous les sens, ou bien peu élevées, émoussées dans toutes leurs arêtes et séparées par des vallées arrondies et peu profondes. Lorsque ce sol, généralement peu favorable à l'agriculture, est jonché de blocs de granit, il présente une grande aridité.

Mais si le feldspath, matière composée de silice, d'alu-

mine et de soude ou de potasse, est parvenu à se décom-
poser, il en résulte une couche argileuse qui peut donner
lieu à une assez bonne végétation.

Terrains de transition. — Le nom de ces terrains fait
assez comprendre leur position. Effectivement, ils servent de passage entre les terrains massifs ou stratifiés,
mais dépourvus de fossiles et les terrains stratifiés fos-
silifères.

Ainsi, indépendamment des caractères qui leur sont
propres, ils participent plus ou moins, à leurs points de
contact, aux caractères des terrains sur lesquels ils re-
posent (terrains primitifs) et aux caractères de ceux
qu'ils supportent (terrains secondaires).

C'est ce groupe qui commence à offrir les roches nep-
tuniennes, c'est-à-dire produites par les débris que les
eaux ont entraînés et qui se trouvent liés ensemble,
cimentés par les matières qu'elles tenaient en dissolution et qu'elles ont graduellement abandonnées.

C'est pendant la formation des terrains de transition
qu'ont paru à la surface du globe les premières traces
d'organisation végétale et animale.

Ordinairement la fertilité n'est pas le partage des
terres qui appartiennent à la période de transition.

Terrains secondaires. — La stratification des terrains

secondaires est souvent oblique et sinueuse. Ils s'élèvent
à des hauteurs et s'enfoncent à des profondeurs considérables. On conçoit dès lors facilement que ces terrains ne doivent pas toujours être recouverts par ceux
des périodes postérieures, et qu'il peut y avoir des
localités où ils forment la partie la plus superficielle de
la terre.

Cette formation est la plus riche en roches de différentes espèces et en fossiles qu'elle renferme en prodi-
gieuse quantité et qui nous fait entrevoir une plus
grande perfection dans les êtres qui vivaient alors, soit
dans le règne animal, soit dans le règne végétal. C'est
dans le grès houiller de cette époque que se rencontrent
ces immenses dépôts de combustibles connus sous le
nom de *charbon de terre*. C'est encore là que nous trouvons le minerai de fer qui alimente nos forges du Péri-
gord, du Berry, du Nivernais, de la Franche-Comté et
de la Bourgogne.

Au point de vue agricole, ces terrains seraient très-
favorables au colza et au trèfle, mais souvent le peu
d'épaisseur de la couche arable, joint aux nombreux
fragments calcaires qui s'y trouvent mêlés, deviennent
de grands obstacles pour l'agriculture.

Terrains tertiaires. — Les terrains de cette formation
sont assez généralement répandus sur la surface des

plaines immenses qu'ils forment au moyen de leurs couches successives. Ces couches sont dues aux dépôts opérés par les eaux, mais avec cette circonstance bien remarquable que ces eaux ont été alternativement salées et douces. C'est ce que révèle l'étude des débris fossiles contenus dans les terrains tertiaires et ce que consacrent les dénominations admises en géologie de : *formations marines* et *formations d'eau douce ou lacustres.*

Un autre et dernier caractère des terrains tertiaires en général, c'est d'offrir des vallées qui sont le produit des érosions superficielles accomplies par les eaux.

Ces terrains sont communs en France et se retrouvent aussi dans les plaines de la Vendée, des Deux-Sèvres et de la Charente-Inférieure. Cette formation offre à l'agriculture : d'immenses plaines ordinairement fertiles, à cause du mélange qui s'y est accumulé ; des débris de roches plus anciennes, et des coteaux dont le cultivateur tire aussi un grand parti.

Terrains diluviens ou *de transport.* — L'existence d'un déluge universel est un fait que la science admet aujourd'hui, avec la tradition de tous les peuples, avec les récits de l'histoire et celui des livres saints ; seulement des doutes existent encore sur l'époque précise à assigner à ce grand événement qui bouleversa la face de la terre et laissa partout des traces impérissables de son passage.

Les terrains qui furent ainsi formés, ont pour caractère de ne point être stratifiés et de se présenter sous masses compactes. Ces masses ou dépôts sont très-variables dans leur épaisseur; ils se composent :

d'*argiles*,

de *sables*,

de *graviers*,

de *blocs* plus ou moins volumineux.

Ces blocs appelés par les géologues *blocs erratiques*, sont répandus en plus ou moins grande quantité sur les plaines, les pentes, les sommets des montagnes mêmes dont le sol est d'une nature tout à fait différente de celle de ces blocs.

Dans la Haute-Vendée, on en rencontre à chaque pas, surtout sur le penchant des coteaux.

Cette formation de terrain présente aussi des cavernes à ossements, du fer en grains, des cailloux roulés qui forment ces vastes plaines connues dans le département de la Gironde sous le nom de *Graves* et qui produisent d'excellents vins.

Aux terrains diluviens il nous faut ajouter ce que l'on nomme les terrains *post-diluviens* ou *alluvions*.

Ces terrains s'accroissent ou plutôt se déposent tous les jours. Les parties qui les constituent portent l'empreinte évidente du délaissement des eaux, mais des eaux tranquilles et non violemment agitées comme celles du déluge.

Ces terres, formées en général par un limon argilosableux, sont extrêmement fertiles : on les rencontre sur les bords des fleuves de la mer. Tels sont les marais du Bas-Médoc.

Ces quelques observations, sur l'origine de notre globe, seront peut-être arides et dépourvues d'intérêt pour grand nombre de lecteurs, mais il en est de même pour les éléments de toute science. En général, la science accorde peu à l'imagination, elle veut avant tout du positif et ne sait pas transiger ; il faut donc se soumettre quand les circonstances l'exigent.

CHAPITRE II

ÉTUDE DES ÉLÉMENTS PHYSIQUES DU SOL

Après avoir étudié la terre comme les géologues nous l'enseignent, il convient tout naturellement de l'examiner aujourd'hui au point de vue des agriculteurs.

Comme en géologie nous avons affaire à diverses classes de terrains, il résulte qu'en agriculture nous devons aussi rencontrer des variétés différentes.

Tout d'abord, et pour en rendre l'étude plus facile, on a cherché à faire une classification des sols ou des terres arables. Nombre de classifications ont été proposées par des hommes qui tous pouvaient faire autorité dans la science agricole; mais je crois avec bien d'autres qu'on doit donner la préférence à celle de M. de Gasparin, illustre et savant agronome, que la mort a dernièrement enlevé avec tant d'autres célébrités.

Cette classification, aussi simple que concise, partage les sols en quatre sections.

1re *Section.* — Terrains contenant du carbonate de chaux : limons, argilo-calcaires, craies, sables.

2e *Section.* — Terrains ne contenant pas du carbonate de chaux : siliceux, glaiseux.

3e *Section.* — Argile : imperméable.

4e *Section.* — Terreaux : doux, acides.

Première section. — Les caractères généraux que présentent les terrains contenant du carbonate de chaux sont des plus faciles à constater. Ils font effervescence lorsqu'on les traite par les acides. Il s'agit simplement de mettre dans un verre un peu de la terre que l'on croit contenir du carbonate de chaux ; on y ajoute de l'eau et enfin de l'acide chlorhydrique ou du vinaigre très-fort, et aussitôt il se produit une effervescence d'autant plus forte et plus longue que la matière renferme davantage de carbonate de chaux. La réaction qui s'opère appartient au domaine de la chimie. Plus tard, nous reviendrons sur le carbonate de chaux en traitant des différents sels qui doivent se trouver dans le sol pour le rendre fertile.

Les terrains où se rencontre le carbonate de chaux sont appelés, selon leur composition apparente, *limons, argilo-calcaires, craies, sables.* Un mot sur chacune de ces subdivisions.

Les limons.— Les Anglais possèdent une assez grande quantité de ce terrain, mais la Russie et les bords du Nil nous le présentent en plus notable abondance ; c'est ce que l'on peut appeler par excellence les terres à blés et à fourrages. Leur culture est extrêmement facile. Les prodigieuses quantités de froment recueillies dans les plaines d'Odessa, et qui viennent presque toujours sur les marchés de l'Europe, attestent la fertilité de ce terrain, ainsi que les doubles récoltes faites chaque année dans les vallées du Nil.

Pour ce qui concerne la Vendée, on pourrait ranger parmi ces derniers terrains toute la côte qui s'étend depuis les marais de Niort jusqu'à l'Ille-Bouin. Il y aurait bien de loin en loin quelques exceptions, les terres sabloneuses de la Tranche par exemple, mais la presque totalité rentre dans la subdivision établie des *limons*.

Comme le fait remarquer M. E. Hurtaud, pharmacien à Luçon, dans sa thèse publiée pour l'obtention de son titre de première classe : « Il est, dit-il, parmi ces ter-
» rains ou plutôt ces marais, des terres d'une fertilité
» exceptionnelle, telles que les prises de Saint-Michel
» et de l'Aiguillon, qui sont cultivées depuis plus de
» soixante ans, et auxquelles la jachère est encore in-
» connue, ce qui n'empêche pas leur rendement d'être
» assez considérable, puisqu'elles peuvent produire, an-

« née moyenne, par hectare, en froment 35 à 40 hecto-
» litres ; en fèves, de 45 à 50 hectolitres ; en orge ou en
» avoine, de 65 à 70 hectolitres. »

Les terres argilo-calcaires sont, comme le nom l'indique, des terres composées d'argile et de calcaire, mais
dans des proportions telles qu'elles sont dites *argileuses*,
quand elles contiennent au moins 50 p. 100 d'argile, et
calcaires lorsqu'elles renferment au moins 50 p. 100 de
carbonate de chaux. Ces sortes de terres conviennent
surtout au froment, à l'orge et au colza ; le trèfle,
comme fourrage, se trouve aussi très-bien dans ces
terrains.

Craie. — Sous le nom de *craie*, on désigne des terres
renfermant au moins 60 p. 100 de calcaire et au plus
10 p. 100 d'argile.

Ces terres sont loin d'être les plus avantageuses et les
plus fertiles pour l'agriculteur ; elles sont très-pauvres
en terreau et peu favorables aux engrais qui, s'y décom-
posant avec une trop grande facilité, deviennent par le
fait dispendieux et inutiles. Partout où la chaux se trouvera en excès, rappelons-nous que les engrais ne pro-
duiront jamais de bons résultats. Plus loin nous en dirons le pourquoi et la raison d'être de ce phénomène
qui, si souvent, a amené des déceptions que l'on mettait

sur le compte de la fraude ou de la falsification, lorsque l'imprévoyance et le manque d'observation ou d'étude étaient les seules causes des espérances déçues.

Deuxième section. — Les terrains dépourvus de carbonate de chaux ne font pas effervescence avec les acides; ils se divisent en terres siliceuses et glaiseuse.

Les *terres siliceuses* sont ainsi appelées, parce qu'elles contiennent au moins 60 p. 100 de silice ou sable non combiné avec nul autre élément. Habituellement, ces terres offrent de grandes difficultés pour la culture; la sécheresse et la mobilité du sol sont des obstacles insurmontables. Quelquefois cependant il se rencontre des circonstances qui en permettent la culture, mais il faut savoir choisir les engrais et les amendements qui conviennent le mieux pour compenser les travaux entrepris. Mais comme la Providence a, pour ainsi dire, assigné à chaque coin de terre une mission spéciale, nous voyons dans ces terrains presque déshérités se produire chaque année d'incalculables richesses en retour de quelques soins seulement donnés à ces immenses forêts de pins jetées sur les remparts de l'Océan pour lui marquer des limites infranchissables.

Les *terres glaiseuses*, qui sont des mélanges d'argile et

de silice, présentent des caractères assez variés et assez
étendus, et il faudrait ajouter nombre de difficultés pour
le travailleur. Ainsi l'abondance ou le manque d'eau
offrent des inconvénients très-grands ; car, mouillées,
ces terres forment une pâte dans laquelle la charrue
ne peut marcher ; sèches, elles sont si dures que les ins-
truments aratoires peuvent difficilement y pénétrer.
Elles sont ameublies par les gelées, elles se fendent
profondément en été, et retiennent l'eau pendant la saison humide. Convenablement cultivées, ce sont des terres à blé et à trèfle, pourvu qu'elles soient amendées par
le chaulage, le marnage et par des engrais convenablement appropriés.

Troisième section. — Les *argiles pures*, ou à peu près
pures, sont douées d'une telle ténacité, qu'il est inutile
de songer à les employer à la culture. Les fabriques de
tuiles ou de poterie peuvent seules en tirer partie.

Quatrième section. — *Terreau*. — On appelle terreau
des terres très-riches en matières organiques. Elles sont
douces ou *acides*, suivant la réaction donnée en présence
du papier de tournesol.

L'acidité se manifestera surtout dans les terres de
bois, de bruyères, de landes et de tourbes. Dans ces

sortes de terrains, la chaux devra préalablement être
employée et ensuite de fortes quantités d'engrais ani-
malisés si l'on veut obtenir d'excellents résultats, la
chaux se combinera avec les acides organiques et les
détruira en les transformant, et cette première révolu-
tion accomplie, les engrais agiront avec toute leur vigueur et leur force.

C'est ainsi qu'il est donné à l'homme d'amender et de
corriger les défectuosités de la nature dont il a été créé
et le maître et le roi.

CHAPITRE III

ÉTUDE DES ÉLÉMENTS CHIMIQUES DU SOL

Jusqu'à présent, nous avons dit quels étaient les divers éléments qui entraient dans la constitution du sol arable, et qui contribuaient à le caractériser du moment où l'un de ses éléments domine sur l'autre.

Pour le moment, je voudrais faire avec vous une étude moins rapide et par là même plus approfondie de ces principes si divers et si multiples que l'on rencontre dans le sol et qui, le plus souvent, échappent à l'agriculteur parce qu'il n'a pas à sa disposition des connaissances assez étendues.

Aujourd'hui, la chimie, cette science tout à la fois si aride et si attrayante, s'est emparée de l'art agricole, et avec d'autant plus de raison que d'autorité, car, sans elle, le progrès en agriculture n'était pas possible. C'est dans le domaine de la chimie et surtout de la chimie agricole, que nous allons faire excursion, pour lui demander comment nous pouvons reconnaître dans le sol à cultiver les principes constituants des substances d'origine organique et des substances d'origine inorganique. C'est à l'analyse, à cette partie si intéressante de la chimie, que nous nous adresserons pour saisir, s'il est possible, tous les secrets de ces admirables combinaisons qui révèlent à chaque instant l'incomparable puissance d'un souverain Créateur.

Néanmoins, nous n'entrerons pas dans les détails si multiples de l'analyse, car il faudrait pour se comprendre de trop longs détails d'une part et de l'autre, des études auxquelles on est peu ou pas préparé. L'analyse en général demande des études longues et spéciales ; le moindre dosage de l'élément en apparence le plus simple, quand on veut qu'il soit strictement exact, exige un temps et des précautions dont ordinairement on n'a pas l'idée ; souvent il faut recommencer une opération, si elle présente le moindre doute ; souvent un manque d'attention ou l'adoption d'un procédé médiocrement rigoureux, mais qui a l'avantage d'être plus expéditif, vous fait faire fausse route et vous conduit à des résultats impossibles.

Le laboratoire du chimiste est le tribunal où viennent se faire juger les innombrables parties d'un tout qui d'abord semblait homogène ; c'est le creuset

incandescent où, sous l'action du feu, se purifie de
toutes matières étrangères l'élément combiné et que
l'on veut avoir séparé de tout autre corps, c'est en un
mot la nature torturée et mise à toutes les épreuves
pour qu'elle réponde d'une manière positive aux in-
terrogations aussi hardies que persistantes de celui
qui la questionne et qui veut avoir le dernier mot. ,
Comme on le voit, si l'opérateur veut des résultats qui
répondent à l'ardeur de ses investigations, il lui faut
beaucoup savoir et surtout beaucoup apprendre; il faut
aussi, en raison de ce qu'on exige, rétribuer digne-
ment les efforts de la science, puisqu'elle nous indique
des voies et des moyens les plus sûrs et les plus positifs. Dans ce siècle où nous sommes, où tout doit obéir
au pouvoir magique de l'or, on s'efforce d'asservir la
science à de semblables exigences; mais, ferme et in-
flexible comme le principe immuable d'où elle découle,
la vérité, elle est toujours ce qu'elle est, et son développement ou sa manifestation ne se pèse au poids de
l'or ni ne se mesure à la cupidité, en un mot, elle ne se
vend ni ne se paie, et si l'ordre des choses et l'intérêt
commun veulent qu'une légitime rétribution soit parfois accordée, ce sont le temps et les efforts de l'intelligence qui sont rémunérés et non pas la vérité qui semble avoir été produite.

On a compris les services véritables que l'analyse pourrait rendre à l'agriculture en permettant d'étudier tout ce qui s'y rattache, puisque depuis quelques mois, par ordre du ministre, un laboratoire public a été établi au Muséum du Jardin des Plantes, à Paris. Là, sous la direction des professeurs les plus éminents, tous ceux qui désirent s'instruire des choses concernant l'agriculture sont assurés d'y trouver un enseignement aussi sûr que solide.

C'est encore dans le même but qu'un arrêté préfectoral de la Loire-Inférieure vient d'autoriser à Nantes un laboratoire public, où chacun pourra, par soi-même, se rendre compte de la valeur des produits qui chaque jour sont vendus, sous une forme ou sous une autre, pour être employés en agriculture.

Mais j'ai hâte de revenir au sujet qui doit nous occuper, et commencer ensemble l'étude des substances d'origine inorganique qui se trouvent dans le sol, soit à l'état solide et que l'on peut dénommer ainsi : *Silice*, *Alumine*, *Chaux*, *Magnésie*, *Potasse*, *Soude*, *Oxyde de fer*, *Mica*.

LA SILICE.

La Silice doit son nom au *Silex* ou minéral qui fournit les pierres à fusil, à briquet, à moulin; elle constitue en grande partie ces pierres, de même que le cristal de roche ou *quartz*, qui n'est autre que la silice presque pure, l'acide silicique des chimistes.

Toutes les terres cultivées en contiennent plus ou moins, soit dans son plus grand état de pureté naturelle, comme dans le sable quartzeux, dur, blanc, transparent; soit en fragments d'autres roches dans lesquelles elle se trouvait combinée à des oxides métalliques qui la colorent diversement. Ainsi, elle s'y montre sous forme de cailloux, de graviers, de sable siliceux à grains plus ou moins gros; enfin, sous forme de poussière fine et impalpable.

La silice, selon la forme où elle se présente, joue des rôles différents dans les terrains. A l'état de sable, la silice agit dans le mélange terreux en le divisant, le rendant friable et poreux, en facilitant dans son sein la circulation de l'eau, de l'air et autre gaz, en assurant son égouttement, en augmentant sa capacité pour le calorique.

A l'état de gravier et de caillou, la silice garantit de l'humidité à la terre en interceptant les rayons solaires qui la frapperaient; elle réfléchit aussi ses rayons, au grand avantage de certaines plantes, comme la vigne en particulier.

Quant à l'action chimique de la silice, elle est dûe au pouvoir extrêmement faible de solubilité dans l'eau dont elle est douée. C'est en comparant, d'une part, ce peu de solubilité, et, de l'autre, la présence presque invariable de la silice dans les végétaux, que de Candolle a cru trouver la nécessité des arrosages copieux réclamés par les sables pour produire.

La silice se trouve encore dans le sol à l'état de combinaison avec d'autres substances formant avec elle des silicates de potasse, de soude, d'alumine de chaux, etc. C'est dans ces combinaisons que la silice peut surtout devenir soluble et passer dans les plantes. C'est elle qui paraît donner au chaume des graminées, à la paille, leur poli extérieur et surtout leur solidité. C'est à la silice aussi que la *Prêle* doit la propriété de racler, de polir le bois, propriété dont les tourneurs savent tirer un parti des plus avantageux.

La tige du froment en contient 0,43 p. 100, celle du seigle 0,63, celle de l'orge 0,59, celle du trèfle 0,37.

En un mot, il s'en retrouve dans presque toutes les cendres des végétaux, et les moyens employés par l'analyse pour la découvrir sont des plus simples et des plus faciles; mais comme cette recherche n'est pas, en agriculture, une des plus importantes, et qu'à première vue on peut se rendre assez facilement compte si un terrain en contient ou non, nous n'entrerons pas dans de plus longs détails à ce sujet.

DE L'ARGILE

M. Isidore Pierre, dans son savant ouvrage de *Chimie agricole*, dit que « l'argile, dans son état de pureté, est une substance habituellement formée, sur 100 parties, d'environ 52 parties de silice, 33 parties d'alumine et 15 parties d'eau. »

Bouillie avec de l'acide chlorhydrique concentré, elle peut donner ensuite de l'alumine par l'addition d'un *alcali*. Aussi les chimistes désignent-ils ordinairement l'argile sous le nom de *silicate d'alumine*. Dans cette combinaison, la *silice* est considérée comme remplissant la fonction de l'acide dans la composition d'un sel et l'*alumine* celle de la base. « Il est très-rare, nous dit M. Petit-Laffitte, le digne professeur d'Agriculture de Bordeaux, de trouver dans la nature l'argile parfaitement pure ; cependant, elle nous est ainsi offerte par la production minérale à laquelle on donne le nom de *kaolin* ou terre à porcelaine. L'argile pure est blanche, fine, douce au toucher, d'une odeur dite de terre, happant à la langue, à cause de sa grande affinité pour l'eau. »

L'alumine qui entre dans la composition de l'argile, et qui en fait, comme nous le disions plus plus haut, un silicate d'alumine, est elle-même l'oxide d'un métal nommé *aluminium*, et dont on fait aujourd'hui des ouvrages d'orfèvrerie. A cet état d'oxide, l'alumine est une poudre blanche, douce au toucher, et présentant, à peu de chose près, les mêmes propriétés que l'argile.

Le rôle chimique de l'argile est des plus importants, c'est pour ainsi dire le magasin où viennent s'enfermer les engrais jusqu'au moment où la plante en aura besoin; elle s'empare des vapeurs ammoniacales avec lesquelles elle se trouve en contact et les restitue à l'occasion. C'est en vertu de cette propriété que l'argile des sols arables contient toujours de l'ammoniaque ou azote dont la présence est facile à constater : il suffit, pour cela, d'arroser cette argile avec une lessive concentrée de potasse et de chauffer un peu; on voit immédiatement bleuir, sous l'influence des vapeurs ammoniacales, une bande humide de papier rouge de tournesol que l'on suspend au-dessus de l'argile.

Les agriculteurs expérimentés savent bien que, lorsqu'ils mettent en valeur des terres argileuses épuisées depuis longtemps par des cultures forcées, la première fumure ne paraît produire aucun effet : l'argile s'en est emparée. Ce n'est quelquefois qu'après plusieurs fumures que la terre, en quelque sorte saturée, paraît se ressentir des nouvelles doses d'engrais qu'on lui fournit; mais alors ces sortes de terres sont devenues très-fertiles. Si, dans de pareilles conditions, l'on continue à récolter sans fumer, elles pourront produire plus longtemps que les autres sans paraître épuisées.

D'après M. de Gasparin, lorsque les terres argileuses sont dans leur état normal de fertilité, elles contiennent, pour chaque centième d'argile faisant partie du sol, environ quinze grammes d'azote par cent kilogrammes de terre. Il serait donc facile à un praticien, tenant un compte exact de ses opérations, de juger si une terre argileuse se trouve dans cette position moyenne où l'engrais donne des produits proportionnés à sa quantité.

L'argile, comme on le sait, a le pouvoir d'absorber une forte proportion d'eau. Il résulte que, dans les saisons chaudes, les plantes se trouvent très-bien dans les terrains qui contiennent une proportion convenable d'argile; mais cet avantage arrive à être considérablement réduit pendant les saisons humides.

Les différentes couleurs que présente ordinairement l'argile, soit brune, noire, grise, rouge, jaune, sont dûes à la présence du fer qui, comme l'a fait remarquer un illustre savant, doit être appelé le *Pinceau de la nature.*

DU CARBONATE DE CHAUX

La chaux non combinée ne se trouve qu'accidentelle-ment dans les terres cultivées; mais, combinée avec l'a-cide carbonique pour former du *carbonate de chaux*, elle est alors très-abondamment répandue à la surface du globe; des montagnes entières en sont formées. Les coquilles des œufs d'oiseaux, celles de beaucoup de mollusques, moules, huîtres, sont aussi presque entiè-rement formées de carbonate de chaux. Presque toutes les eaux courantes en contiennent quelques parties, bien qu'on le considère comme à peu près insoluble dans l'eau pure.

« Aucun sol cultivé n'est entièrement dépourvu de carbonate de chaux, et ceux qui en contiennent une quantité notable, dit M. de Gasparin, ont des caractères agricoles particuliers : le trèfle, les lotiers y croissent spontanément. Ces terrains sont éminemment propres à la culture du froment, et ces qualités paraissent telle-ment inhérentes au principe calcaire, qu'il suffit d'en ajouter une assez petite quantité aux terres qui n'en contiennent pas un ou deux pour cent pour que la vé-gétation des bonnes plantes succède à celle des mau-vaises; pour que le trèfle, la luzerne et le sainfoin y réussissent mieux; pour que les terres à seigle deviennent propres à la culture du froment, et pour que celles qui portaient déjà du froment augmentent considérablement de produit. »

Le carbonate de chaux est appelé à jouer des rôles bien différents dans le sol arable.

M. Puvis, dans son petit traité intitulé : *de l'Emploi de la chaux*, écrit : « La chaux semble être dans le sol un moyen et un principe d'ameublement : les sols qui contiennent un composé calcaire et en proportion convenable, craignant peu l'humidité, laissent passer aux couches inférieures l'eau surabondante et par conséquent s'égouttent facilement. »

Thaër, dans ses *Principes raisonnés d'agriculture*, dit : « Il est de la plus grande vraisemblance que, par le moyen de son acide carbonique, la chaux produit aussi quelque effet et procure aux plantes une nourriture réelle. Les racines de certains végétaux en particulier paraissent avoir la force d'enlever à la chaux cet acide carbonique qu'elle tire de nouveau et en même mesure de l'atmosphère avec laquelle elle est en contact. »

Suivant d'autres, l'un des effets du carbonate de chaux consiste à neutraliser les acides qui se développent pendant l'acte de la végétation, et surtout pendant celle des jeunes plantes.

Enfin, M. Isidore Pierre pense, au contraire, que la production de ces acides est un moyen employé providentiellement pour rendre le carbonate de chaux plus soluble et, par suite, plus apte à être absorbé par les plantes pour lesquelles la chaux parait un aliment indispensable.

Quoi qu'il en soit de toutes ces opinions, il est un fait incontestable et hors de doute, c'est que la chaux, sous quelque forme qu'elle se présente dans le sol, soit à l'état de carbonate, de sulfate, de silicate ou de phosphate, elle est indispensable à la vie des végétaux. Aussi faut-il se préoccuper d'en mettre dans les terres qui en paraîtraient dépourvues.

Rien n'est plus simple que de reconnaître dans un terrain la présence du carbonate de chaux, et même d'en déterminer approximativement la proportion.

Il suffit de traiter une dizaine de grammes de cette terre, bien desséchée, par du fort vinaigre ordinaire ou par de l'acide chlorhydrique, étendu d'eau et ajouté peu à peu jusqu'à ce qu'on voie cesser complètement l'espèce de bouillonnement, l'*effervescence* qui se produit lorsqu'on mélange les deux substances. On verse alors le mélange sur un filtre, et on lave à plusieurs reprises le résidu non attaqué par l'acide, jusqu'à ce que les dernières gouttes d'eau qui passent à travers le filtre ne laissent plus de résidu lorsqu'on les fait évaporer. On dessèche bien le résidu et on le pèse : la différence entre les poids obtenus, avant et après le traitement de la terre par le vinaigre, donnera très-approximativement le poids du carbonate de chaux. S'il n'y a pas d'effervescence au moment du contact avec l'acide, c'est que la terre ne contient pas de carbonate de chaux en quantité appréciable. Il va sans dire que le procédé analytique qui précède est loin d'être rigoureux, et qu'il faut agir d'une toute autre manière, si l'on veut avoir un dosage exact. Ordinairement, on dose le carbonate de chaux à l'état d'oxalate ou de sulfate.

LA MAGNÉSIE.

A l'état de nature, la *magnésie* n'existe pas dans tous les terrains, mais bien dans ceux appartenant à la formation ancienne. Elle est toujours combinée avec un acide et forme des carbonates, des silicates ou des phosphates. A l'état de muriate ou de sulfate, la magnésie se rencontre dans l'eau de mer. Les eaux de certaines sources, celles d'Epsom en Angleterre, contiennent beaucoup de magnésie, d'où le nom de sel d'Épsom, donné en pharmacie au sulfate de magnésie.

Le carbonnate de magnésie accompagne presque toujours le carbonate de chaux dans les sols ; on a constaté aussi qu'à l'état de phosphate ce sel se trouve encore uni au phosphate de chaux. Le rôle de ce principe dans la terre, surtout lorsqu'il se trouve en présence de certaines combinaisons de chaux, est de rafraîchir le sol parce qu'il absorbe une certaine proportion d'eau, de le rendre plus léger et en même temps plus accessible aux agents atmosphériques.

La magnésie enlevée par les plantes à la terre lui est rendue surtout par les déjections animales qui en contiennent de notables proportions. Les cendres de certaines céréales ont donné à l'analyse, d'après Th. de Saussure, des quantités assez fortes de phosphate de magnésie. Comme on le voit, la magnésie se retrouvant dans les plantes qui sont les plus utiles à l'homme, on avait tort de lui attribuer une action funeste sur la végétation. Au reste, de nombreuses analyses, et plusieurs fois répétées par d'habiles chimistes, ont montré que ce sel entrait pour une bonne part dans la composition des terres les plus fertiles. Les terres si renommées de la vallée du Nil, dit M. Isore Pierre, en contiennent une forte proportion.

Les engrais d'étables, les urines, sont les sources où se trouvera la magnésie dont les sols épuisés auront tour à tour besoin.

LA POTASSE.

Longtemps, comme je le disais plus haut, on a négligé en Agriculture de prêter une attention aux sels de potasse; mais aujourd'hui la lumière semble s'être fait jour sur ce point, si bien que nombre d'engrais sont livrés dans le commerce titrant une certaine dose de potasse. Evidemment; cela provient de ce que l'on avait omis de leur restituer un principe tout à la fois si utile et si précieux.

Pourquoi la culture de la betterave semble-t-elle languir dans le nord de la France? Pourquoi la vigne a-t-elle été tant attaquée par la maladie? C'est que la potasse a été enlevée par une longue culture et qu'elle n'a jamais été restituée.

Pouvait-il en effet en être autrement lorsque, d'après M. Boussingault, le savant professeur au Conservatoire des Arts-et-Métiers, la pomme de terre en contient 51,5 pour 100 de son poids, la betterave 39, les navets 33, la paille de froment 15,5 et la graine 29, la tige de vigne 34 et le sarment 20, et d'autres plantes encore telles que le maïs, le trèfle, les fèves qui dans leurs graines seulement en contiennent l'énorme proportion de 45,2.

Ce relevé suffit, je crois, pour démontrer l'utilité de la potasse dans la terre et l'obligation de la lui restituer.

Dans le sol, elle se trouve faire partie d'un grand nombre de roches, notamment du feldspath, de l'alun, etc., dans lesquelles on la rencontre combinée avec les acides et principalement avec l'acide silicique pour former un silicate de potasse. On la trouve aussi dans certaines eaux, dans presque toutes les argiles et dans les roches de transition comme dans les secondaires; certains sols au contraire n'en contiennent presque pas; ces terrains se distinguent surtout par les effets énergiques qu'y produisent les cendres ou la *charrée* employées comme engrais.

Puisque nous avons vu que la paille de froment contenait une notable proportion de potasse, il est évident que les fumiers d'étables dans la formation desquels elle sera entrée renfermeront une certaine dose de ce sel et que par conséquent on sera sûr, en employant ces fumiers, de rendre au sol le principe enlevé par la récolte précédente, sinon en totalité, du moins en quantité assez remarquable et quelquefois suffisante, car il faut bien admettre qu'une seule récolte n'épuise pas d'un seul coup une terre.

Beaucoup d'engrais artificiels, comme je le disais quelques lignes plus haut, contiennent de la potasse qu'on a soin d'y introduire : c'est ordinairement sous forme de sulfate de potasse que ce sel est donné aux plantes.

LA SOUDE.

Dans beaucoup de cas, la soude semble pouvoir remplacer en partie la potasse dans les plantes et dans les sols sans que les récoltes paraissent pour cela moins avantageuses.

Comme la potasse, la soude entre dans la composition de beaucoup de minéraux et de roches dans lesquels elle se trouve associée à la silice, à l'alumine, à la chaux, à la magnésie.

La soude est le principe constituant de plusieurs sels qui existent dans les eaux, et son carbonate est le principe essentiel des plantes qui ont végété dans la mer ou sur ses bords.

OXIDE DE FER.

Il n'est pas de métal qui puisse être comparé au fer par la variété de ses composés et leur abondance dans le sein de la terre. Ce métal y existe, pour ainsi dire dans toutes les natures, excepté cependant à l'état natif, c'est-à-dire complètement pur.

« On ne compte pas moins de dix-huit espèces minérales dont il est la base ; les plus communes sont les oxi-

des, les sulfures, les carbonates, phosphates, silicates,
sulfates de fer. Mais le nombre des roches, des minéraux, des pierres qui renferment ce métal, comme principe accessoire, est infini. C'est lui qui sert, à proprement parler, de principe colorant au règne minéral. On
le trouve également dans presque tous les organes des
animaux, et il n'est pas de plante dont les cendres n'en
contiennent des proportions sensibles (1). Ainsi, à l'état
d'oxide, le grain et la paille des graminées, entr'autres,
en offrent des traces. »

Dans les sols cultivés, le fer se rencontre à l'état d'oxides ou à l'état de sels.

On connaît deux degrès d'oxidation pour le fer et
peut-être trois ;

1° Le protoxite (*moins oxigéné*) noir ; uni à l'eau (*hy-
draté*) blanc ; uni à l'oxigène, bleu, vert, jaune ;

2° Le deutoxide (*plus oxigéné*) rouge ; uni à l'eau (*hy-
draté*) jaune ;

3° Le pérodixe (*le plus oxigéné*) violet, uni à l'eau (*hy-
draté*) jaune ou brun.

Ce sont, comme il vient d'être dit, ces oxides qui colorent les minéraux, les terres auxquels ils se trouvent
unis et principalement les argiles.

---

(1) M. de Girardin : *Chimie élémentaire*.

C'est à l'état d'oxide que le fer se trouve dans les sols cultivés. C'est ainsi notamment qu'il est très-abondant dans les landes, où il forme l'*alios*.

On le trouve aussi combiné avec certains acides et formant des sels de fer. Ainsi, avec l'acide silicique, pour former un autre *alios* beaucoup plus dur, nommé *pierre de fer :* un silicate de fer.

Avec l'acide carbonique *(carbonate de fer)*. Les acides plus forts chassent l'acide carbonique de cette combinaison, avec une effervescence pareille à celle que détermine le carbonate de chaux : ce qui peut faire prendre, dans les analyses, un effet pour l'autre.

Avec l'acide sulfurique (*sulfate de fer*) ou vitriol. Ce sel de fer ne se trouve que dans les terrains qui contenaient déjà des pyrites sulfureuses (composé natif de métal et de soufre) desquelles résulte l'acide qui se combine avec le fer. — Dans les argiles humides les sols tourbeux.

Avec l'acide phosphorique (*phosphate de fer*) ou fer limoneux. Phosphate et carbonate de fer et argile.

A l'état d'oxide, il communique au sol, une couleur foncée qui le dispose à absorber la chaleur solaire et à la retenir.

Par ces deux motifs, il rend le sol chaud.

Il ne nuit que par sa trop grande abondance (1).

A l'état de carbonate on ne croit point qu'il puisse nuire.

A l'état de sulfate qui est le moins ordinaire, il le rend infertile, fait périr les plantes s'il y est en excès (sol vitriolique).

Au contraire en petite quantité et combiné avec des matières qui contiennent du carbone, il paraît être fertilisant.

A l'état de phosphate (fer limoneux), il perd au contact de l'air ses propriétés nuisibles.

Mais en sous-sol, il cause une infertilité complète : l'*alios*. C'est aussi du fer à l'état d'oxide que l'on trouve dans les terres maigres, froides, sous forme de grains raboteux vulgairement nommés *crottes de chèvres*.

---

(1) « Il y a des terres, au contraire, qui ne renferment qu'une très-faible quantité de fer : ce sont des terres blanches, froides, où les récoltes sont toujours retardées de quelques jours. On y remarque un grand nombre de variétés blanches de fleurs naturellement rouges ; nous y avons vu dès la première génération des graines d'*Anthirinum* rouges, produire des fleurs parfaitement blanches. Les vins des vignobles de ces terrains ont moins d'alcool et plus de mucilage que ceux qui viennent sur des terrains colorés ; ils ne se conservent pas facilement. Sans doute l'absence ou la présence du fer doit avoir encore d'autres effets sur la végétation et doit causer d'autres altérations qui n'ont pas encore été observées. C'est un sujet de recherche qui appèle toute l'attention des cultivateurs et des naturalistes. » (M. le Cte de Gasparin : *Cours d'Agriculture*).

Mais ce qui donne une immense importance à la présence de l'oxide de fer dans les terres cultivées, c'est la propriété précieuse et aujourd'hui mise hors de doute par les démonstrations de la chimie, d'attirer et de fixer l'azote de l'atmosphère, sous forme d'ammoniaque.

Les sols ferrugineux, ainsi que l'argile cuite, dont l'état poreux favorise l'absorption des gaz encore davantage, aspirent pour ainsi dire l'ammoniaque, et l'empêchent de se volatiliser, en la fixant, comme le ferait un acide que l'on aurait étendu sur le sol. Par chaque pluie, l'ammoniaque que le sol a absorbé se dissout dans l'eau et est présentée dans cet état à la plante.

LE MICA

Le mica est un minéral brillant, de couleur variable, d'aspect métallique, en feuillets minces, flexibles, se détachant facilement. C'est un composé de silice, d'alumine, de magnésie, de potasse, de fer, etc... Lorsqu'il est blanc, on le nomme *argent des chats;* roux, *or des chats.*

Le mica est très-abondant, dans la nature; le granite, le gneiss, le schiste, en contiennent, et l'œil l'y distingue à son aspect brillant.

On le trouve aussi dans quelques grès en paillettes séparées, provenant de la destruction des roches anciennes. Dans le sable, et nous avons vu que la présence de ce produit naturel dans les sables de nos fleuves, servait à les distinguer de ceux plus anciennement transportés.

Ecrasé, réduit en poudre, on voit que c'est une matière terreuse, sans un atôme des métaux précieux dont elle a l'aspect.

Dans les sols cultivés, il se trouve répandu en très-petits feuillets minces, luisants, blancs ou jaunâtres.

Bien qu'il ne soit pas aussi lourd qu'elle, le mica, dans les analyses, reste au fond du vase avec la silice, après la décantation : c'est ainsi qu'on peut l'isoler.

L'action du mica dans les terres arables est dûe à sa forme, à sa cohésion.

Cette action est toute mécanique, elle peut être comparée à celle du sable.

ENGRAIS

CHAPITRE IV

DES ENGRAIS

La base de l'agriculture c'est l'engrais, a dit l'un des plus grands agronomes de notre époque, M. Girardin, doyen de la Faculté des sciences de Lille.

Après lui nous ne cesserons de répéter : sans engrais, pas de culture possible, sans engrais, point de récolte, et, par conséquent, point de richesse, puisque le sol que nous semblons parfois dédaigner est la source unique de notre prospérité et de notre bien-être.

Et si les sols ne sont pas doués de cette fertilité native qu'ils avaient du temps des Celtes et des Gaulois, il faut, après des siècles d'épuisement, qu'ils retrouvent cependant quelque part la cause de leur perpétuelle fécondité.

Rendre à la terre sous une forme quelconque les éléments enlevés par les plantes, telle fut jusque dans ces derniers temps la conduite habituelle des agronomes intelligents ; mais il appartenait à la science moderne de poser, pour ainsi dire, les véritables règles qui devaient diriger la fumure des terres et assurer indéfiniment leur fertilité. (1)

La physique et la chimie devaient nous révéler mille secrets inconnus ; nous devions pénétrer les mystères de la végétation, comprendre l'organisme des plantes, la nature intime des sols ; et ces connaissances acquises, ces mystères dévoilés, nous étions à même de discerner quel élément convenait à la plante et au sol, et quelle heureuse combinaison pouvait perpétuer la vigueur de l'une et la fertilité de l'autre.

Oui, c'est à ces deux sciences qui, chaque jour, nous révèlent les sublimes harmonies de la nature, que nous devons d'entretenir la fécondité de notre sol, puisque ce sont elles qui nous ont mis sur la voie pour la fabrication raisonnée des engrais artificiels.

---

(1) Tout ce que la terre produit se corrompt, rentre dans son sein, et devient le germe d'une nouvelle fécondité. Ainsi elle reprend tout ce qu'elle a donné pour le reprendre encore. Ainsi la corruption des plantes et les excréments des animaux qu'elle nourrit la nourrissent à son tour elle-même et perfectionnent sa fertilité. Ainsi, plus elle donne, plus elle reprend, et elle ne s'épuise jamais, pour qu'on sache dans sa culture lui rendre ce qu'elle a donné. Tout sort de son sein, tout y rentre et rien ne s'y perd.

(FÉNÉLON, *De l'Existence de Dieu.*)

C'est à cette industrie que l'agriculture devra d'entrer dans une voie nouvelle et féconde.

Les engrais, comme on le sait communément, fabriqués avec toutes sortes de débris ayant appartenu aux trois règnes de la nature, sont destinés à procurer aux végétaux les éléments qu'ils ne doivent plus retrouver dans le sol après une culture continue.

Dans l'état actuel de la science, les meilleurs engrais sont ceux qui renferment, dans des conditions convenables, des phosphates, de la potasse et des matières azotées.

MM. Payen et Boussingault considèrent comme principe dont il importe de constater la présence et la quantité, l'azote, et admettent que c'est sa proportion surtout qui doit établir la valeur comparative des engrais.

Si cette opinion n'est pas admise sans réserve, on doit avouer cependant que de nombreux faits pratiques sont venus l'appuyer, puisque les engrais considérés comme les plus riches, ceux qui ont actuellement la plus grande valeur marchande, sont précisément formés de substances très-riches en azote.

Voyons d'abord ce que c'est que l'azote, et après nous étudierons les phosphates et la potasse. Ces trois éléments suffisent à la végétation, en tant qu'engrais, bien entendu.

AZOTE

L'*azote*, qui forme il est vrai la plus petite proportion de la masse des plantes, se montre dans tous les tissus à l'état naissant et dans les graines. Il a pour origne les engrais animaux incorporés au sol, ainsi que l'ammoniaque et l'acide azotique contenus dans l'atmosphère. Les eaux pluviales enlèvent à celle-ci toutes les vapeurs ammoniacales qui y arrivent sans cesse par suite de la putréfaction des matières animales. Tout l'acide azotique qui se produit dans les hautes régions de l'air par les décharges électriques, en imbibe le sol, et dès lors les racines absorbent ces composés azotés qui, portés dans l'organisme, se trouvent soumis à une série de réactions chimiques qui permettent l'assimilation de leur principe élémentaire.

Les plantes cultivées par nous, dit M. Girardin, reçoivent de l'atmosphère la même quantité d'azote que les plantes sauvages, la même que les arbres et les arbrisseaux, mais cette quantité ne suffit pas aux besoins de l'agriculture ; de là, naissent l'utilité et la nécessité des engrais azotés.

Aussi, chaque fois qu'il s'agit de la production d'un engrais quelconque, la première pensée du fabricant est-elle de rechercher là où il pourra se procurer la plus grande quantité des produits azotés.

Comment et sous quelle forme l'azote doit-il se trouver dans le sol, pour être assimilé facilement par les plantes? On admet généralement que c'est à l'état d'ammoniaque ou de carbonate d'ammoniaque. Plusieurs savants ne seraient pas éloignés de penser aujourd'hui que les nitrates doivent occuper aussi une place importante parmi les substances azotées, directement actives comme engrais.

L'expérience, la meilleure règle à suivre en fait d'agriculture, a démontré jusqu'à présent que la plante ne pouvait pas vivre sans azote, pas plus que l'animal sans nourriture. Au reste, si à l'expérience nous joignons l'autorité de la science, nous verrons que M. Payen, dans sa *Chimie industrielle*, dit : « Les matières organiques azotées sont indispensables à la nutrition des plantes : presque toujours insuffisantes dans le sol où elles ne sont jamais en excès, elles doivent surtout être recherchées dans les engrais. » M. Malaguti, auquel la science agricole moderne devra beaucoup, a proclamé dans ses écrits l'importance de ce principe. Boussingault et Gasparin l'ont aussi reconnu. Après de pareilles autorités, l'industrie connaît la marche à suivre, et il serait téméraire et même préjudiciable de vouloir s'en écarter.

DES PHOSPHATES.

Parmi les principes minéraux des engrais, il en est un que l'on considère assez volontiers comme des plus importants après l'azote, c'est l'acide phosphorique à l'état de phosphates.

On a émis sur l'emploi des phosphates comme agents de fertilisation des opinions contradictoires : suivant quelques-uns, ils sont sans action ; suivant d'autres, ils agissent avec la plus grande efficacité. Mais si l'on eût fait comparativement l'analyse complète des sols sur lesquels ont été fait les essais, peut-être eût-on reconnu que les terrains sur lesquels l'effet a été nul, étaient pourvus naturellement d'une abondante quantité de phosphates, tandis qu'il s'en trouvait peu dans les terrains où les essais ont donné des résultats positifs. Il faut bien remarquer que l'acide phosphorique à l'état de phosphate a été trouvé dans presque toutes les roches et dans presque tous les terrains où on l'a cherché avec soin.

L'acide phosphorique se combine avec la chaux, la potasse, la soude, la magnésie, l'ammoniaque ; mais ce

n'est que sous forme de phosphate de chaux que ce sel
est le plus communément employé. Son prix plus réduit
et sa source plus abondante permet de l'utiliser ainsi.
Son emploi est tellement nécessaire que presque toutes
les cendres des plantes en accusent des proportions considérables.

Davy, le célèbre agronome et chimiste anglais, attri-
buait la stérilité de quelques-unes des parties de l'Afri-
que septentrionale, de l'Asie-Mineure et de la Sicile, qui
furent si longtemps les greniers de l'Italie, à l'épuisement des phosphates, par suite d'une longue exporta-
tion de blé, du sol de ces contrées, sans restitution convenable de ces principes indispensables à la bonne venue
du froment.

Le phosphate de chaux, beaucoup plus commun et
par suite beaucoup moins dispendieux que les autres,
bien que son prix tend à s'élever chaque jour, est celui
qui est journellement employé dans la pratique agricole.

La source de ce phosphate est ordinairement les os,
qui en contiennent des proportions considérables. C'est
à l'état pulvérulent de rognures, de sciures d'os que cet
agent si puissamment fertilisateur est introduit dans le
sol; mais plus il est à l'état de division, plus ses effets se
font sentir.

Les os contiennent une petite quantité de sels de

soude et de chaux et plus spécialement de carbonate de chaux.

Les premières tentatives d'emploi d'os comme engrais, nous dit le savant cité plus haut, paraissent devoir être attribuées à Friedrich. Kropp, de Sollingen, en 1802 ; il obtint des résultats remarquables.

Aussitôt qu'on eût connaissance de ces essais en Angleterre et du résultat, on vit s'élever à Hull (comté d'York) et dans les environs de Londres de nombreux moulins, dont quelques-uns pouvaient broyer jusqu'à 20,000 kil. d'os par jour.

Des navires allaient chercher des cargaisons entières d'os dans tous les pays de l'Europe et même jusqu'aux Indes-Orientales.

Dans la seule année 1822, l'Angleterre tira de l'Allemagne plus de 30 millions de kil. d'ossements recueillis en partie sur les champs de bataille des dernières guerres.

Depuis ces tentatives, le commerce des os, pour l'agriculture, a pris des développements tellement considérables, que chaque jour ce produit devient de plus en plus rare, et finit par atteindre des prix qui ne seront bientôt plus en rapport avec les produits du sol.

Le phosphate de chaux des os, insoluble dans l'eau, se dissout dans les acides les plus faibles, tel que l'acide

carbonique; et cette solubilité est d'autant plus importante à noter, que c'est probablement lorsque l'acide
phosphorique se trouve ainsi dissous dans l'eau dont le
sol est humecté, que les radicelles des plantes le pom-
pent avec l'eau elle-même pour l'introduire dans la circulation végétale.

Il existe d'autres sources de phosphates de chaux.
Ces phosphates, assez répandus dans le commerce et
connus sous le nom de *phosphates fossiles,* se tirent de
l'Espagne, et, dans la province de l'Estramadure, il
n'est pas rare de rencontrer des collines entières formées avec ce phosphate. Quoi qu'il en soit, nous
croyons qu'il faut accorder la préférence au phosphate
de chaux provenant des os.

LA POTASSE.

La potasse joue aussi un rôle très-important dans
l'acte de la végétation, et sa présence dans le sol ou
dans les engrais ne saurait y être indifférente; nous
aurons, dans la suite, occasion d'étudier son action fer-
tilisante sur certaines cultures.

La *potasse* est une substance solide, blanche, très-
corrosive quand elle est pure; elle se dissout abon-
damment dans l'eau, et la liqueur qui en provient,

grasse au toucher, possède tous les caractères que l'on observe dans une bonne lessive de cendres de bois. Cela est tout naturel, puisqu'en lessivant ces cendres on ne fait que leur enlever la potasse qu'elles contiennent en assez grande quantité, et en même temps quelques autres substances qui ne changent pas sensiblement les propriétés de la lessive.

La potasse à l'état de pureté ne se rencontre nulle part dans la nature, tandis que, combinée aux acides carbonique, silicique, sulfurique ou azotique, aussi bien que le potassium uni au chlore, elle se rencontre dans plusieurs terrains, dans les roches feldspathiques, dans les argiles, dans plusieurs eaux naturelles, dans toutes les parties des végétaux, quoique en proportions différentes.

De ce que les cendres des plantes nous présentent la potasse en grande partie à l'état de carbonate, il n'en faudrait pas conclure que tel était l'état auquel elle se trouvait dans les plantes vivantes. On ne sait pas encore précisément à quel état, sous quelle forme, la potasse entre dans la constitution des plantes pendant leur végétation; si elle y figure successivement dans des combinaisons diverses, suivant l'âge des végétaux, suivant la nature et les fonctions de leurs divers organes. Toujours est-il que la présence de cet alcali est indispensable dans le sol, puisque nous pouvons constater dans les cendres de certaines plantes, comme la vigne, le tabac, la pomme de terre, la betterave, des quantités considérables et qui dépassent parfois la moitié du poids des cendres analysées.

LA CHAUX.

La chaux, à l'état de carbonate, remplit dans le sol d'importantes fonctions, et nous voyons combien il est utile de la faire apparaître dans la fabrication des engrais.

Voici, d'après M. Isidore Pierre, le savant chimiste de la Faculté de Caen, quelles sont les actions multiples qu'exerce la chaux sur les plantes et sur les sols :

1º Elle agit par elle-même en fournissant aux plantes un élément qui paraît nécessaire à leur développement régulier, puisqu'on la trouve en proportion notable dans presque toutes, et surtout dans les récoltes usuelles ;

2º Elle facilite la décomposition des éléments minéraux du sol, tels que les feldspaths, les rend plus solubles et plus facilement assimilables au profit des récoltes ;

3º Elle agit sur les éléments organiques du sol et en

facilite la décomposition ; c'est là surtout ce qui en rend l'emploi avantageux dans les composts formés de matières d'une désagrégation difficile, etc., etc.

Si tous ces éléments conviennent simultanément à toutes les cultures, il faut observer cependant que les proportions doivent varier pour telle ou telle plante ; que les céréales, par exemple, n'étant pas de la même famille que la vigne, doivent nécessairement avoir dans leur constitution un principe dominant et spécial. L'expérience et les observations ont prouvé, en effet, que les exigences et les soins n'étaient pas partout les mêmes. Aussi est-ce pour y répondre que l'on a résolu de fabriquer des engrais spéciaux pour les différentes cultures, et où dominât l'élément principal exigé par la plante, tout en tenant compte des diverses qualités du sol où la plante devait être cultivée.

CHAPITRE V

ORIGINE ET SOURCE DES ENGRAIS

Nous sommes heureusement loin du temps où l'on se hâtait de faire disparaître les riches dépouilles laissées par les animaux. On ne se doutait pas que l'organisation animale, ne s'édifiant qu'à l'aide de matériaux empruntés à l'organisation végétale, les déchets qui en proviennent ne pouvaient renfermer que des substances utiles à la végétation, et devaient, par conséquent, constituer d'excellents engrais. Aujourd'hui, l'expérience a heureusement démontré le contraire, et partout où l'agriculture est en voie de progrès, les cultivateurs recueillent avec soin les matières animales, et savent leur accorder la faveur qu'elles méritent.

Comme le temps et les bras pouvaient parfois manquer en présence de nombreux animaux morts, on songea à créer des industries spéciales qui, tout en rendant des services signalés à la salubrité publique, devaient également procurer à l'agriculture des engrais d'une richesse exceptionnelle, qui, jusque-là, avaient été à peu près perdus pour elle.

Non-seulement au point de vue de la salubrité générale les *usines d'équarrissage* sont de la plus grande utilité, puisqu'elles réunissent en un seul et même lieu des débris d'animaux qui, abandonnés au milieu des campagnes, engendreraient la peste et la mort, mais encore ces mêmes établissements peuvent être appelés *les magasins de l'agriculture*.

C'est là que cette dernière trouvera en quantité et sous toutes les formes les engrais que réclameront les diverses cultures. C'est là qu'elle trouvera des richesses énormes d'*azote*, fournie par les chairs, le sang et autres débris. C'est là qu'elle trouvera en si grande abondance les sels terreux et alcalins si recherchés par les plantes ; les *phosphates de chaux et la potasse*, fournis par les os, les cornes, etc. C'est là que toutes les matières, après avoir subi cette fermentation indispensable à tout bon engrais, seront pour l'agronome intelligent une source intarissable où il pourra toujours compter sur la qualité et la quantité.

Voyons en quelques mots ce que valent, au point de vue agricole, les divers matériaux que nous rencontrons forcément dans les clos d'équarrissage par suite de l'industrie qu'on y pratique. Ces produits seront pour nous la chair, le sang et les os.

La chair. — La chair ou fibre musculaire, d'après Fourcroy et Thénard, principalement composée de fibrine, contient de l'albumine, de la gélatine, du phosphate de chaux et de soude et du carbonate de chaux.

Berzelius, Braconot et Schlossberger ont fait des analyses qui s'accordent à peu près toutes entre elles.

A l'état normal, la chair musculaire contient environ les trois quarts de son poids d'eau; à l'état de dessiccation marchande, elle en renferme encore 8 à 9 p. 100.

M. de Gasparin fait remarquer, et avec raison, que c'est un des engrais dont l'azote coûte le moins cher.

M. Soubeiran a soumis à l'analyse la viande de cheval cuite à la vapeur sous une pression supérieure à 760 millimètres de mercure, dans l'établissement d'Aubervilliers, à Paris.

La viande éprouve par ce mode de cuisson, mais c'est inévitable, une sorte de lavage qui la dépouille de la majeure partie des sels solubles qu'elle renferme. Il a trouvé dans cette viande, telle qu'elle est livrée au commerce :

Matière animale........ 84 8
Phosphate de chaux....   2 4
Matière terreuse........ 2 8
Eau................... 10 0
                        ————
                         100 0

Cette viande, comme nous le disions plus haut, contenait 13 p. 100 d'azote.

Nous devons dire que souvent à Bordeaux on a fait analyser des chairs provenant des équarrissages, mais jamais ce titre n'a été obtenu. Qu'elle en est la cause? nous l'ignorons. Aussi, pour éviter toute discussion, nous avons cru être dans la vérité en ne garantissant que 11, moyenne plus généralement obtenue.

La chair ainsi préparée est infiniment moins altérable que la chair fraîche ; elle se décompose avec lenteur et, conséquemment, apporte au sol une fertilité plus durable, partant plus en rapport avec les exigences de la végétation.

Sang. — « Le sang des animaux peut aussi être utilisé comme engrais, et même c'est l'un des plus énergiques que l'on connaisse, lorsqu'il a été préalablement desséché.

» Le sang, à l'état normal, est composé de deux parties principales, qui se séparent lorsqu'on abandonne celui-ci à lui-même pendant quelques heures :

» 1° Le sérum, matière liquide jaunâtre, plus ou moins colorée, qui en constitue à peu près les neuf dixièmes ;

» 2° La fibrine et les globules, qui en forment environ le dixième.

» La fibrine perd 75 pour 100 de son poids par la dessiccation, et la matière sèche contient 199,3 d'azote pour 1,000, et des traces de sels alcalins.

» Le sérum perd environ 90 pour 100 d'eau par la dessiccation, et la matière sèche est formée d'environ 76 pour 100 d'albumine (1) et 24 pour 100 de sels alcalins, contenant ensemble 157 d'azote pour 1,000.

» Si, par la dessiccation, le sang ne perdait que de l'eau, il devrait donc renfermer de 180 à 187 parties d'azote pour 1,000. M. Payen a trouvé, par l'analyse directe du sang sec, 170 d'azote.

» La moyenne des analyse de sang de diverses espèces d'animaux donne de 725 à 850 millièmes d'eau ; et la partie organique contient moyennement environ :

527 de carbonne.	189 d'*azote*.
60 d'hydrogène.	224 d'oxigène.

---

(1) Substance analogue au blanc d'œuf.

Os. — « Les os, à l'état frais, sont constitués par un tissu cartilagineux, des matières minérales en très-fortes proportions et des substances grasses.

» D'après M. Boussingault, les os du porc séchés à l'air présentent la composition suivante :

Cartillage et humidité	46 6
Phosphate de chaux	49 0
Phosphate de magnésie	2 0
Carbonate de chaux	1 9
Sels alcalins	0 5
	———
	100 0

	De l'homme.	Du bœuf.
Cartillage soluble dans l'eau bouillante	33 3	33 3
Phosphate de chaux	53 0	57 4
Carbonate de chaux	11 3	3 8
Phosphate de magnésie.	1 2	2 0
Sels alcalins.	1 2	3 5
	———	———
	100 0	100 0

» Des os de poisson, analysés par M. Chevreuil, ont fourni :

Cartilage et humidité......	4 3 7
Phosphate de chaux.......	48 0
Carbonnate de chaux......	5 5
Phosphate de magnésie....	2 2
Sels alcalins..............	0 6
	———
	100 0

» Ces analyses montrent que les os de tous les animaux n'offrent pas une constitution identique; il y a plus : c'est que, dans une même espèce, la proportion relative des différents éléments varie suivant l'âge des individus et la région du corps à laquelle appartiennent les os. Quoi qu'il en soit, on constate toujours la présence d'une forte proportion de matières minérales, notamment du phosphate de chaux, qui est la substance dominante et y entre fréquemment pour environ 50 pour 100; au surplus, les os sont constitués, on le voit, de manière à mettre à la disposition des plantes, en même temps que des matières minérales, des substances organiques en assez forte proportion. Reste à savoir si l'efficacité des débris osseux, attestée depuis longtemps par des faits irrécusables, doit être attribuée à ces derniers ou rapportée aux éléments minéraux. A cet égard, différentes opinions, diverses théories ont été émises, mais aujourd'hui les divergences cessent, et, sans nier que la partie cartilagineuse des os

puisse fournir des ressources à l'alimentation des plantes, on s'accorde à admettre que le rôle essentiel appartient aux matières inorganiques. En présence des faits,
il serait, du reste, difficile de ne pas se rallier à cette
manière de voir. En effet, on a constaté que les os qui
ont servi à la fabrication de la gélatine, que ceux qui
proviennent des savonneries, et conséquemment ont été
dépouillés de leur cartilage et des substances grasses
contenues dans leurs parties celluleuses, peuvent être
avantageusement employés comme engrais. Aussi bien,
la partie minérale fournit aux plantes un élément précieux, indispensable à leur complet développement, et
dont la nature s'est montrée avare dans les terres arables : c'est le *phosphore*, l'un des constituants des phosphates, dont les os renferment environ la moitié de leur
poids.

LES BOUILLONS

Les bouillons gélatineux proviennent du dégraissage
des os et résultent de la cuisson des animaux d'abattage.
Dans une usine importante où il passe tous les ans près
de 4 à 5,000 têtes, on comprend qu'il doit s'en produire
des quantités assez considérables.

Ces bouillons, contenant ordinairement en moyenne de 4,50 à 5 p. 100 de matières extractives, contiennent une certaine quantité d'azote et tous les sels renfermés dans la viande, et qui ont été dissous par l'ébullition.

M. Rohart, dans son *Guide de la fabrication des engrais*, dit que le bouillon lui a rendu en moyenne 4,65 p. 100 de matières extractives, dosant 14,26 p. 100 d'azote, soit par hectolitre de bouillon, pris au sortir de la chaudière, 0,668 d'azote. Nous ajouterons, bien que les bouillons soient très-riches en toute sorte de matière nutritive, comme l'expérience l'a souvent démontré, nous ne tairons pas que les chiffres de M. Rohart nous paraissent un peu exagérés. Nous reviendrons plus loin sur l'emploi du bouillon, et de son utilité pour la fabrication des composts.

C'est donc avec ces produits, sur lesquels nous venons de nous entretenir, que l'on fabrique les engrais divers qui sont livrés à l'agriculture ; seulement, comme il ne serait pas toujours possible de livrer ces matières telles qu'on les produit, parce que le prix en serait beaucoup trop élevé, on se sert d'un adjuvant contre lequel on a beaucoup réclamé, parce que l'on n'en connaissait ni la valeur ni l'importance, nous voulons dire *la tourbe*.

Et d'abord, si nous voulons nous en rapporter aux

analyses de MM. Moride et Bobière, de Nantes, et qui ont fait sur le sujet qui nous occupe des recherches sérieuses, nous verrons que ces produits contiennent une certaine quantité d'azote.

Tourbe de Montoir (Loire-Inférieure)...... 0,56 p. 100 d'azote.
    —   Saumur (Maine-et-Loire)....... 0,65   —
Tourbe de mer de Kérouan (Finistère)..... 1,70   —
Tourbe de Vulcaire, près Abbeville (Somme). 2,09   —
Tourbe de Mennecy (Seine-et-Oise)........ 2,40   —

Par son alliance aux engrais azotés, la tourbe, dit M. A. Puvis (1), peut offrir de grands avantages à la végétation. Les tourbières desséchées donnent assez souvent des sols d'excellentes qualités... La France n'a pas de jardins plus productifs que ceux de *Hortillons*, d'Amiens, établis sur des terrains tourbeux, les jardins de Paris, et ceux d'*Eysines*, près Bordeaux.

M. Girardin pense également que l'on a beaucoup trop négligé les avantages que l'on peut tirer de la tourbe en agriculture.

M. E. Soubeiran, qui a spécialement étudié l'action de la tourbe considérée comme engrais végétal, écrit : « l'humus extrait de la Tourbe a les mêmes propriétés que l'humus du terreau. J'ai trouvé à la tourbe le même pouvoir conservateur qu'au terreau. »

---

(1) Traité des amendements.

Voici l'opinion de M. Robière, prise dans l'ouvrage qu'il a publié avec M. Moride : « La tourbe doit concourir, lorsqu'elle est convenablement mélangée, à produire d'excellents engrais. Les matières organiques sont disposées dans la tourbe d'une manière telle que sous l'influence d'un alcali, l'ammoniaque par exemple, elles acquièrent un état de solubilité des plus remarquables. La même action se passe lorsque dans la pratique agricole on stratifie la tourbe avec la chaux vive. Dans l'un et l'autre cas, on rend assimilables les éléments à base de carbone qui constituent la tourbe ; sous l'influence des mélanges qu'on lui fait subir avec des matières fermentescibles, ses pores se distendent, ses portions non désagrégées se divisent ; cette même tourbe qui, de prime abord, tout impropre à la végétation, devient par cela même, et surtout en présence de l'ammoniaque de matières animales, un adjuvant des plus précieux lorsqu'il est employé avec discernement dans l'amélioration des sols. »

M. de Gasparin dit que pour tirer parti du carbonne surabondant de la tourbe, il suffit d'associer celle-ci à des substances azotées ; le principal effet de cette manipulation est de convertir la tourbe en terreau doux, propre à alimenter les plantes de carbone dans les terres qui en manquent.

Enfin, **M**. Malagutti, dont un récent décret a récompensé les savants travaux en l'appelant au rectorat même de l'Académie où il professait, disait, dans ses excellentes leçons de Chimie agricole : « Quand on pense que vu son état spongieux, nulle matière n'est comparable à la tourbe pour la faculté absorbante ; qu'elle est une source immédiate et très-riche d'humus ; que, vu sa texture lâche, elle n'exige pas une grande dépense de force pour être divisée et amenée à l'état convenable ; qu'enfin, elle contient souvent plus d'azote que le fumier frais, on a lieu de s'étonner qu'on ne l'ait pas mieux utilisée en agriculture qu'on ne l'a fait jusqu'à présent. »

Ou ces engrais sont fabriqués de toutes pièces, c'est-à-dire que l'on peut employer les produits tels qu'ils sont fabriqués, ou ils peuvent servir à préparer d'autres engrais.

Ordinairement, aucun des produits dont nous avons parlé ne peut constituer à lui seul un engrais complet. Il faut souvent un mélange qui ne s'opère bien qu'à l'aide d'une préparation spéciale.

La chair desséchée et pulvérisée, en combinaison avec les os, également réduits en poudre, constituent l'un des engrais les plus riches que l'industrie puisse produire. Cet engrais, sous tous les rapports, est bien supérieur aux guanos de toutes provenances, et il est fâcheux, nous ne cesserons de le répéter, qu'un semblable engrais, au lieu de féconder les sols de la France, aille en pays étranger servir pour la plantation des cannes à sucre. En échange, on nous envoie le guano que l'on paie 30 et 35 fr. les 100 kilog., lorsque l'engrais fabriqué dans nos usines d'équarrissage peut facilement se donner pour 25 fr. les 100 kilog.

Cet engrais, spécialement destiné aux grandes cultures, celles qui rapportent le plus, serait trop cher pour d'autres applications, telles que le jardinage, la prairie, etc., etc. Car un grand principe et une grande loi de l'agriculture veulent que toujours la dépense soit calculée d'après le revenu.

C'est pour subvenir à ces exigences, pour seconder les besoins des petites cultures qu'on a songé a fabriquer des engrais spéciaux, des composts riches en tous les principes fertilisateurs et pouvant néanmoins se donner dans des prix abordables.

Pour beaucoup d'agriculteurs, les composts sont purement des mélanges, sans préparation aucune. Aussi, arrive-t-il souvent que la plupart de ces prétendus engrais échouent et ne donnent aucun résultat. Il faut à tout prix que la masse passe par toutes les phases d'une fermentation naturelle, dont l'effet principal est de déterminer un arrangement particulier que nous sommes impuissants à produire artificiellement, exactement comme si nous voulions faire du vin avec tous les éléments qui le constituent, sans tenir compte des puissantes et invariables combinaisons de la nature.

C'est principalement dans les usines d'équarrissage que sont réunies toutes les conditions désirables pour confectionner les composts.

Les matières animales dissoutes par l'effet d'une pourriture lente, se décomposent suivant la loi naturelle à laquelle elles sont toutes soumises, et se convertissent nécessairement en composés amoniacaux-gazeux, qui se répandraient en pure perte dans l'atmosphère, si la porosité des corps avec lesquels ils sont en contact, et notamment l'humus, la tourbe, le charbon ne s'y opposaient, et si des ingrédients spéciaux ne venaient fixer l'azote en se transformant d'un sel dans un autre.

C'est sous la double influence de la chaleur et de l'humidité que s'opère le plus souvent la désagrégation, la dissolution des matières qui, mises dans le sol sans cette préparation, auraient été complètement nulles. C'est ainsi que s'opèrent à l'infini les décompositions, les combinaisons nouvelles, les arrangements nouveaux et les changements d'état qui sont indispensables à la qualité des engrais.

L'usine d'équarrissage de Parempuyre (Médoc), apparte-
nant aujourd'hui à M. MOREAU père, est l'une de celles
ou la fabrication des engrais divers est la mieux comprise. Aussi les quantités considérables qui sortent
chaque année de cet établissement le proclament élo-
quemment.

UN MOT SUR LES FELDSPATHS DE POTASSE

Dans les divers chapitres de cet opuscule, nous avons
eu souvent occasion de parler de la potasse comme engrais, et d'en recommander l'emploi ; nous avons également indiqué la source ou l'on pourrait prendre cette
potasse. Nous croyons qu'il ne serait pas hors de propos,
d'entrer dans quelques détails sur ce sujet et de consacrer quelques lignes aux feldspaths de potasse.

Les minéralogistes comprennent sous la dénomina-
tion générale de feldspath des minéraux qui sont formés
par la combinaison du silicate d'alumine avec différents silicates. Les granites et la plupart des roches
cristallines contiennent des feldspaths comme élémen
essentiel.

Les feldspaths à base de potasse sont appelés feldspath
proprement dit ou *orthose;* ceux à base de soude *albite,*

ceux à base de lithine *pétaline,* et ceux à base de chaux *labradorite.*

Il arrive souvent que dans les feldspaths une partie de la base alcaline est remplacée par de la chaux, de la magnésie. L'*orthose* que l'on nomme ordinairement feldspath *pétunzé* adulaire et qui est le plus riche en potasse, est celui dont on doit se servir pour la fabrication des engrais.

Voici deux analyses de deux variétés d'orthoses :

Adulaire du Saint-Gothard. (Berthier.)		Adulaire rouge de Cayenne. (Beudant.)
Silice.	64,20	 65,03
Alumine	18,40	 17,96
Peroxide de fer . . .	» »	 0,47
Potasse	16,95	 16,21
Chaux	» »	 0,33
	99,55	100,00

Comme il est facile de s'en convaincre, on voit, par les deux analyses, quelle quantité de potasse on pourrait introduire dans les sols en se servant de ces feldspaths. Des savants, parmi lesquels nous pouvons citer MM. Boubée et Liebig, ont insisté dans leurs divers ouvrages : l'un dans sa Géologie agricole, et l'autre dans sa Chimie appliquée à l'agriculture pour l'introduction de ces roches dans la pratique agricole. Leurs conseils ont été à peine entendus et encore moins suivis, et cependant l'illustre allemand Liebig faisait remarquer que sur un terrain sablonneux ou calcaire, pauvre en potasse, on ne saurait obtenir une belle verdure ; tandis qu'au contraire le *balsate,* la *grauwacke,* le *porphyre,* roches plus ou moins riches en feldspath, donnent, dans les mêmes circonstances, la meilleure terre pour les prairies, précisément *parce qu'elles donnent beaucoup de potasse.*

Ailleurs le même savant ajoute que les terres des environs du Vésuve doivent principalement leur fertilité extraordinaire aux alcalis des roches volcaniques, et il attribue à la nature feldspathique du sol la vigoureuse beauté des arbres qui, en Bavière et en d'autres contrées de l'Allemagne, croissent sur le gneiss, le granite, le basalte.

A cette remarque, nous pourrions ajouter nos propres observations qu'il nous a été donné de faire nous-même sur le plateau granitique du Limousin et notamment sur les terrains de la vallée de Briance et du canton d'Aix, qui sont les plus fertiles des environs de Limoges, précisément parce que ce sont des terrains feldspathiques par excellence (1).

---

(1) Depuis quelque temps, des fabricants de Marseille exploitent des feldspaths de Limoges pour la fabrication des savons. Cela prouverait en faveur de la richesse en potasse des feldspaths de ces contrées qui, en effet, dosent des proportions considérables de cet alcali.

On s'est un peu préoccupé de la plus ou moins grande solubilité des feldspaths qui, dit-on, doivent abandonner difficilement leur potasse à cause de la trop grande affinité de cet alcali pour la silice.

Ce n'est que d'après les expériences du laboratoire que l'on a été porté à émettre semblable opinion; mais il faut bien se pénétrer que la nature n'agit pas ordinairement et ne procède pas comme les savants; elle a aussi ses secrets, ses réactifs qui nous sont inconnus et qui n'en agissent pas moins avec force et précision. Lors même que les réactifs dont nous pouvons nous servir seraient impuissants à nous démontrer la séparation de la potasse d'avec la silice, il n'en resterait pas moins acquis à l'agriculture que ce sel est parfaitement soluble, parfaitement assimilable. En effet, comme nous venons de le voir quelques lignes plus haut, les terrains où les feldspaths se trouvent sont reconnus des plus fertiles, précisément parce qu'ils contiennent beaucoup de potasse, et de la potasse qui se dégage naturellement de ses éléments de combinaison pour passer dans les végétaux qui croissent sur ces terrains.

En agriculture comme dans bien d'autres choses, n'essayons pas de vouloir pénétrer les mystères qui s'obscurcissent à mesure que nous voulons les approfondir; sachons au contraire profiter des circonstances au milieu desquelles nous sommes et usons avec sagesse des trésors de toute sorte que la Providence a si largement mis à notre disposition.

ASSIMILATION DES ENGRAIS.

Dans la fabrication des engrais il est un point essentiel que l'on ne doit jamais perdre de vue : je veux parler de la propriété d'assimilation qu'ils doivent posséder. Un engrais peut être très-riche et ne produire sur le terrain, au moment de la végétation, aucun effet, si les éléments qui le composent ne sont pas dans des conditions telles que les plantes puissent s'en emparer.

Diverses causes peuvent s'opposer à ce que cette assimilation se fasse d'une manière convenable et ces causes peuvent être ou *physiques* ou *chimiques*.

Les causes physiques qui activent la dissolution des engrais dans le sol et qui, par conséquent, aident à leur assimilation pour les plantes, proviennent : 1° de l'atmosphère ; 2° de l'acide carbonique si répandu dans cette même atmosphère ; 3° enfin de l'air qui pénètre dans ce sol et qui est plus chargé que l'air atmosphérique de ce gaz acide carbonique.

On comprendra dès lors que plus un sol sera divisé et ameubli, plus facilement l'air circulera et dès lors la dissolution des matières engraissantes sera plus prompte, plus active et par là même plus efficace.

Comme nous le voyons, l'air, ou plutôt l'acide carbonique qu'il contient, est le grand dissolvant reconnu nécessaire et indispensable; mais son action peut parfois être sans effet, et c'est ce qui arrive lorsque les engrais ne sont pas dans un état de ségrégation assez complète. On comprendra que des débris d'os très-grossièrement concassés vont rester intacts dans le sol pendant un temps indéfini et parfois très-long; tandis que s'ils sont réduits en poudre impalpable, ils deviendront rapidement solubles, précisément à cause de leur état de division.

Les causes chimiques qui peuvent s'opposer à l'assimilation des engrais proviennent du contact que les matières fertilisantes peuvent rencontrer avec certains éléments du sol. C'est ainsi que des phosphates d'os dans le plus grand état de division possible peuvent parfaitement être insolubles s'ils sont employés sur des terrains trop calcaires. Le phénomène s'explique ainsi : la chaux étant très-avide d'acide carbonique, elle s'empare de ce gaz et il n'en reste plus à la disposition du phosphate de chaux qui, comme nous l'avons dit ailleurs, a besoin d'acide carbonique pour se dissoudre et pour passer dans les plantes.

Si l'on fabriquait un engrais comme nous l'avons vu faire, avec des matières azotées et de la chaux ou des phosphates de chaux, on arriverait à détruire complètement les principes fertilisateurs. Voilà ce qui se produirait : la chaux volatiliserait l'azote à l'état d'ammoniaque, en pure perte pour la récolte, avant de se transformer en carbonate de chaux ; puis, sous cette forme, s'emparant, ainsi que nous l'avons dit, de l'acide carbonique, rendrait le phosphate tribasique de l'engrais insoluble, et celui-ci serait pour ainsi dire annulé par la réunion de ces deux circonstances (1).

Il est donc essentiel, comme on peut le voir d'après les quelques lignes contenues dans ce chapitre et que nous aurions pu développer davantage, il est essentiel, disons-nous, pour le cultivateur d'étudier la nature de son terrain avant de lui confier un engrais quelconque, s'il ne veut pas s'exposer parfois à des déceptions très-coûteuses et très-préjudiciables.

---

(1) *De l'Agriculture et des Engrais modernes*, p. 55.

PLANTES

CHAPITRE VI

DES PLANTES

Puisque dans ces quelques pages nous avons surtout l'intention d'être pratique, nous ne comprendrons ici, sous le nom de *plantes*, que celles dont la culture intéresse spécialement notre contrée. Les céréales, les prairies et la vigne seront seules l'objet de notre étude.

CÉRÉALES

On comprend généralement sous le nom de céréales, le froment, le seigle, l'orge, l'avoine et le maïs, qui viennent presque sur tous les points du globe. Un mot sur chacune de ses plantes.

Le *froment*, dont l'origine se perd dans la nuit des temps, et qui n'a jamais été rencontré par les naturalistes à l'état sauvage, semble, comme l'a dit un auteur, avoir été donné par Dieu à l'homme de la main à la main.

Le froment se sème soit sur jachère, soit sur les sols qui ont porté précédemment des plantes fourragères ; il exige un terrain consistant, frais, suffisamment calcaire ; il vient moins bien dans les sols sablonneux.

L'époque des semences varie selon le pays, et dépend surtout du climat. Ce qu'il ne faut pas perdre de vue, c'est que la plante doit acquérir un certain développement avant l'arrivée de la froide saison, afin que les racines aient déjà pénétré à une assez grande profondeur pour être à l'abri de la température rigoureuse de l'hiver.

Le *seigle* entre très-souvent dans l'alimentation de l'homme, particulièrement dans le nord de l'Europe et dans les landes de la Gascogne ; il réussi dans les sols sablonneux qui se refusent à produire du blé. Dans la culture, cette céréale occupe la place du froment ; elle exige d'ailleurs les mêmes façons, et occupe le sol à peu près pendant le même temps.

L'*orge* se sème au printemps et se convient dans presque tous les terrains, pourvu néanmoins que le sable ne domine pas. Bien que, dans certaines contrées, on fabrique du pain avec de la farine d'orge, cette céréale est surtout employée à la fabrication de la bière.

L'avoine est une céréale qui vient dans les terrains légers et marécageux, et qui ordinairement rend beaucoup.

Le *maïs,* importé d'Amérique dans nos contrées, réussit dans tous les terrains quand ils sont convenablement fumés. On a vu des cultures admirables dans les sols sablonneux et dans les terres les plus argileuses. Le climat seul doit décider sur l'opportunité de son introduction dans une localité, car il lui faut une chaleur suffisante et surtout l'absence d'une température trop froide, fût-elle de courte durée.

On a remarqué, et avec raison, que la culture du maïs n'est pas heureuse là où le raisin ne réussit pas ordinairement.

Si nous examinons la nature des terrains qui conviennent aux céréales, nous voyons que, par une de ces admirables attentions de la Providence, cette plante se plaît dans tous les sols. Sans doute, elle y apparaît sous des formes différentes, mais toujours dans des conditions où elle peut devenir pour l'homme une substance indispensable, un aliment restaurateur.

Cependant, selon qu'un sol est plus ou moins entretenu par des fumiers appropriés, il est facile de nous convaincre que nous obtenons des résultats de plus en plus satisfaisants.

Quel est le principe ou plutôt quel est l'engrais qui convient le mieux aux céréales? Consultant les diverses opinions, nous voyons qu'il y a parfois une divergence très-prononcée : les uns ont proclamé l'azote comme l'agent fertilisateur par excellence, et les autres ont recommandé l'emploi spécial des éléments minéraux, tels que les phosphates, comme étant indispensables à l'entier accomplissement du développement des plantes.

En général, lorsque des opinions diamétralement opposées sont professées par des hommes éminents, il est bien rare qu'on s'éloigne beaucoup de la vérité en adoptant une opinion intermédiaire entre ces opinions extrêmes.

Pour nous, nous pensons que, fabriquant pour les céréales un engrais où il se trouverait une heureuse proportion de ces deux éléments, on obtiendrait très-certainement des résultats positifs et assurés.

La raison d'être de ces engrais, nous la trouverions dans la plante elle-même qui, selon les différents aspects sous lesquels nous l'étudions, nous présentera des proportions assez considérables de matières azotées et phosphatées.

En effet, les analyses faites à plusieurs reprises par MM. Boussingault et Payen, sur les résidus fournis par les diverses céréales, ont toujours donné de 7 à 8 p. 100 de gluten et d'albumine, c'est-à-dire de cette substance qui représente l'azote.

Les cendres de tous les végétaux, et en particulier des céréales, ont toujours fourni des quantités notables d'acide phosphorique. Les cendres du froment, et surtout celles produites par la graine, en contiennent près de la moitié de leur poids (47 p. 100). C'est à l'état de phosphate que l'acide phosphorique se trouve dans les cendres des plantes.

Comme conclusion nécessaire de ce qui précède, les engrais applicables à toutes les céréales doivent contenir des proportions notables d'azote et de phosphate.

La quantité d'acide phosphorique contenue dans une récolte pourra nous donner une idée de l'abondance des phosphates qui ont été enlevés au sol. Pour preuve, nous présenterons sur ce sujet quelques données expérimentales que nous empruntons à l'excellente chimie agricole de M. Isidore Pierre, le célèbre professeur de la Faculté de Caen.

Froment	Grain	19,7		30,9
	Paille	11,2		
Seigle	Grain	37,4		42,0
	Paille	4,6		
Orge	Grain	11,7		15,3
	Paille	3,6		
Avoine	Grain	10,0		24,8
	Paille	5,8		
Colza	Grain	21,2		37,8
	Paille	16,6		
Sarrazin	Grain	18,2		22,4
	Paille	4,2		
Maïs	Grain	13,3		64,5
	Paille	51,3		
Haricots	Grain			24,9
Fèves	Grain	26,0		42,9
	Paille	13,9		
Pois	Grain	9,0		13,1
	Paille	3,8		
Lentilles	Grain	6,9		15,5
	Paille	8,6		
Vesces	Grain	8,7		16,8
	Paille	8,1		

Pommes de terres...... tubercules..................... 13,9

Betteraves (racines seules)..................... 17,6

Navets.......... (id.) 6,3

Topinambours......... tubercules..................... 35,6

Trèfle rouge (deux coupes)..................... 3,06

Foin de prairie..................... 22,2

Ray-gras (deux ou trois coupes)..................... 13,1

Sainfoin à deux coupes..................... 96,8

Au reste, ces nombres varieront nécessairement avec l'abondance des récoltes, et ils ne doivent être considérés que comme des indications approximatives; mais il n'en est pas moins vrai que les phosphates doivent contribuer à la fertilité des terres, et ces prévisions sont conformes à la réalité.

CHAPITRE VI

PRAIRIES

Les prairies peuvent être établies dans toutes les terres, parce que toutes les terres, depuis les meilleures jusqu'aux plus médiocres, sont susceptibles de produire de l'herbe.

Néanmoins, l'expérience a dès longtemps démontré le grand avantage qu'il y a à choisir, pour ces sortes d'é-tablissements, les meilleures terres et celles auxquelles leur position relative assure une plus grande humidité, sans que cette humidité puisse aller cependant jusqu'à exclure la production des bonnes herbes (1).

En effet, la physiologie végétale nous apprend que l'humidité est la condition essentielle du développement en tiges et en feuilles des végétaux; tandis, au contraire, qu'il faut à ce développement une plus grande

---

(1) Petit Laffite, *Lettres sur l'Agriculture.*

sécheresse quand il a pour but les .fruits et les graines.

On se figure assez généralement que le nombre des espèces de plantes croissant dans les prés est tellement grand, qu'il serait impossible de pouvoir préciser ce nombre et de pouvoir classer ces espèces.

Ce nombre est grand, sans doute, ce classement n'est pas sans difficultés non plus; cependant il n'y a pas à tout cela l'impossibilité que l'on suppose.

Mais, écartant pour le moment les détails qui nous conduiraient au-delà de notre but, nous constaterons que ce sont les plantes de la famille des *graminées* et celles de la famille des *légumineuses* qui forment le fonds des prairies naturelles.

Nous croyons ne pas nous éloigner de la vérité en assignant à ces plantes et à celles avec lesquelles elles s'associent pour former les foins de bonne qualité, les proportions suivantes :

Graminées	6/10
Légumineuses	3/10
Plantes diverses.	1/10

Un fait bien remarquable, c'est que cette association n'est pas seulement le résultat du calcul et de l'industrie de l'homme en vue des produits qu'il demande à la terre, mais aussi des lois que la nature a établies pour régler ces produits en vue de la conservation et du plus grand bien des êtres qui devaient s'en nourrir.

Remarquons encore que les plantes qui servent le plus à l'amélioration de l'homme sont également celles que recherchent les animaux, c'est-à-dire les graminées et les légumineuses ; et, de même que nous usons de certains végétaux pour rendre nos aliments plus apéritifs et pour leur donner une saveur plus fine et plus délicate, de même aussi les animaux aiment à rencontrer dans leurs herbages de ces plantes qui leur donnent du parfum et en relèvent le goût.

Si nous voulons que la prairie produise un foin riche et nutritif, il faudra que nous apportions tous nos soins à faire croître dans toute leur vigueur les deux familles de plantes que nous avons vues il y a un instant occuper le premier rang parmi les fourrages, c'est-à-dire les graminées et les légumineuses.

Pour réussir, nous appliquerons un engrais qui contiendra les deux éléments réclamés par ces deux sortes de plantes, c'est-à-dire les *phosphates* pour les graminées et la *potasse* pour les légumineuses.

En effet, comme nous avons pu l'étudier à l'article des céréales, qui tiennent le premier rang parmi les graminées, nous avons vu que l'acide phosphorique existait dans leurs cendres, et qu'il en est ainsi dans les cendres des graminées des prairies, que nous appellerons des agrostis, des paturins, des avoines, des fétuques, des ivraies, des vulpins, etc., etc.

Toutes les légumineuses qui viennent habituellement dans les prairies, et qui se nomment les trèfles, les luzernes, les vesces, les gesses, les sainfoins, les lotiers, etc., etc., contiennent dans leurs cendres beaucoup de potasse, et, pour preuve, nous donnerons une analyse de cendres provenant de la graine de trèfle.

Acide phosphorique.	33,9
Acide sulfurique	2,3
Chlore.	0,3
Potasse.	39,3
Chaux.	0,7
Magnésie.	18,5
Silice	5,0
	100,0

Donc, pour ne pas nous écarter de notre principe, nous conseillerons un engrais phosphaté et potassé pour prairies.

Les principes calcaires, tels que la chaux à l'état de carbonate, ne sauraient être exclus sans inconvénient de la composition d'un engrais pour les prairies, parce que cet alcali, joint à la potasse, contribue puissamment à neutraliser l'acidité qu'un excès d'humidité engendre dans des prés, et qui se manifeste par la production des joncs, des laiches, des renoncules et autres plantes susceptibles de faire un foin dur et aigre.

C'est par un engrais contenant ces divers éléments, y compris des principes azotés, que l'on réussira à faire disparaître les herbes de mauvaise qualité et à donner aux bonnes, particulièrement aux légumineuses, une nouvelle vigueur.

Au reste, nous dirons avec Thaër, l'un de nos plus célèbres agronomes, qu'il ne faut pas hésiter à donner aux prairies les engrais les meilleurs, si l'on veut soi-même produire dans les étables de riches et fertiles fumiers.

CHAPITRE VII

LA VIGNE

Comme nous habitons dans une contrée où la culture de la vigne est plus en honneur que partout ailleurs, on nous permettra de nous étendre plus longuement sur cette importante culture.

Quelques lignes consacrées à son histoire, quelques réflexions sur la maladie dont elle est atteinte et sur le remède qui pourrait probablement la guérir, feront le sujet de ce chapitre.

Aperçu historique.

C'est dans l'Asie, le berceau du genre humain, que la vigne a pris naissance. Les traditions religieuses, les monuments, les arts, les documents historiques, les recherches des géographes et des savants s'accordent pour nous montrer les soins que les premières sociétés

civilisées donnaient à la vigne, le prix qu'elles atta-
chaient à ses généreux produits, dont l'usage modéré
est consacré par les principes de l'hygiène.

De toutes les boissons fermentées, il n'en est aucune
qui soit préférée au vin et qui offre en même temps
plus de ressource et plus d'agrément. L'usage du vin
est également avantageux sous toutes les températures
et dans tous les climats.

Un écrivain anglais, M. Henderson, a publié une intéressante *Histoire des Vins anciens et modernes.* Nous
empruntons à ce remarquable travail les noms de quelques vins célèbres dans l'antiquité.

En Asie, les vins de la Palestine, du mont Liban, des
îles de Chypre et de Rhodes avaient une grande et légitime réputation.

En Europe, l'archipel grec s'enorgueillissait des vins
de Lesbos, de Chios, de Naxos, de Thasos, de Cos. Au
reste, leur renommée se justifie encore de nos jours
par les produits de plusieurs vignobles de ce même
archipel. Cependant il est permis de croire avec M. Vel-
dekens, de Bruxelles, auteur d'un excellent traité sur la
Maladie de la Vigne, et avec plusieurs autres, que les
anciens vins de l'Asie, de l'archipel grec, de l'Attique et
de la Laconie (où l'on comptait sept variétés différentes),
de la Sicile, de la Campanie, de l'Espagne, de la Gaule,

n'égalaient point en bonté les produits de nos grands crûs modernes, voire même le *Falerne,* qui a si souvent et si bien inspiré la verve du poétique Horace.

La culture de la vigne a cependant été portée par les Grecs anciens à un degré très-haut de perfection, et les meilleurs vignerons de l'époque actuelle pourraient puiser d'utiles leçons. Au reste, ne l'oublions pas, en fait d'agriculture et de bien d'autres sciences, les anciens en savaient beaucoup plus long que nous ne serions parfois tentés de le supposer; l'enseignement écrit nous manque, mais nous pouvons lire sur les ruines qui nous restent, et certes ce livre en vaut bien un autre.

Il paraît que les vins de l'antiquité pouvaient se conserver bien au-delà des limites qui semblent assignées à nos meilleurs crûs. On est porté à attribuer le motif de leur conservation au principe sucré qu'ils renfermaient en très-grande quantité.

Les Gaules eurent aussi autrefois des vignobles célébres, d'abord à l'état sauvage dans les Alpes, les Cévennes et sur les coteaux de la Saône, du Rhône, de l'Allier et de la Gironde; ils ne devinrent l'objet d'une culture raisonnée que sous la direction des Phocéens, qui, dans leur première patrie, l'Ionie, avaient entouré de soins particuliers la culture de la vigne. C'est donc aux Marseillais que nous devons l'acclimatation, ou, pour mieux dire, la première culture de la vigne sur le sol de la Gaule.

Bientôt, et grâce à ces peuplades qui montraient pour le vin la même passion que les tribus indigènes de l'Amérique pour les liqueurs alcooliques, on vit la Gaule méridionale d'abord se couvrir de vignes, et plus tard, grâce au climat qui jouissait alors de propriétés qu'il n'a plus, la Gaule septentrionale se prêter aussi à cette précieuse culture.

Aux IVe et Ve siècles de notre ère, on vantait la beauté et la richesse des vignobles des environs de Paris. Ausone, notre poète, chantait déjà dans des vers délicieux l'excellence des vins de Bordeaux. La Picardie, la Normandie, la Bretagne vendengeaient en septembre et même au mois d'août, comme l'attestent des diplômes, des chartes, des contrats de vente de cette époque.

Au XIIIe siècle, Cherbourg et Dieppe cultivaient la vigne; les vins de Beauvais avaient une très-grande réputation.

Mais là s'arrête la pérégrination de la vigne. Le défaut de culture et l'abandon presque complet de l'agriculture en présence des guerres du moyen-âge, et enfin quinze hivers extrêmement rigoureux qui se succédèrent au XIIIe siècle, anéantirent la vigne, qui demandait une température plus douce, dans la Flandre, l'Artois, la Picardie, la Normandie et la Bretagne. Il fallut encore les désastreux hivers du XVIIIe siècle, entre autres celui de 1789, pour faire disparaître la vigne de plusieurs contrées septentrionales et occidentales de la France.

Aujourd'hui, c'est la France encore, malgré les nombreuses modifications de climat subies depuis près de six cents ans, qui non-seulement produit la plus grande quantité de vin, mais encore les qualités les plus généralement recherchées, même dans les États renommés par leurs vignobles.

La Grèce et les îles de l'Archipel, l'Italie, la Sicile, l'Espagne, le Portugal, les îles Açores, Canaries et Madère, l'Allemagne, la Hongrie, le Cap de Bonne-Espérance ont sans doute des produits justement célèbres, tels que les vins de Chypre, de Lacryma-Christi, de Marsala, de Porto, de Madère, de Xérès, d'Alicante, de Malaga, du Rhin, de Johannisberg, de Constance, etc. Parmi ces vins, plusieurs sont d'un goût exquis, d'une valeur considérable ; mais la France possède à elle seule une variété de vignobles réunissant les qualités les plus opposées appartenant à différents climats. Cette variété, cette richesse s'expliquent par l'immense étendue de son territoire, où se rencontrent les températures les plus diverses, où réussissent les cultures des zones méridionales, tempérées, septentrionales.

Mais c'est à la Gironde, avant tout, que nous accorderons le premier rang, et pour la qualité, et pour la quantité. Cette double réputation, acquise depuis des siècles, ne s'est jamais démentie, et si le terrible fléau qui, depuis longues années, atteint les vignobles, a occasionné de regrettables et funestes diminutions pour le rendement, on a pu, du moins, constater que la qualité de nos crûs les plus célèbres n'a pas été un seul instant altérée.

La lutte a été longue et pénible, et l'ennemi, quoique en apparence moins fort, n'en est cependant pas moins redoutable, et son réveil est toujours à craindre tant que l'on n'aura pas la certitude de son entière défaite.

MALADIE DE LA VIGNE

L'oïdium, comme on le sait, est un parasite qui a pris naissance en 1845 dans une serre des environs de Margate, en Angleterre, et qui, en quelques années, s'est implanté sur tous les vignobles de l'Europe.

Le fléau, vaillamment combattu, semble, à l'époque où nous écrivons sinon détruit, du moins universellement paralysé. Conclurons-nous de là qu'il est vaincu et qu'il n'est plus à redouter? Sans nous ériger en prophète de malheur, nous ferons remarquer qu'en 1858 on avait assuré que l'oïdium avait à jamais disparu, et, l'année suivante a été, comme on le sait, une des plus désastreuses ; et aujourd'hui il ne nous est pas plus possible de prévoir quel sera l'avenir. Au reste, il en sera malheureusement de l'oïdium comme de toutes les maladies contagieuses ou transmissibles qui atteignent l'homme : une fois qu'elles ont existé, elles ne disparaissent plus. Telle est l'opinion de notre savant professeur de la faculté des sciences de Bordeaux, M. Baudrimont; telle est aussi la nôtre.

On s'est demandé et l'on se demande encore : La vigne est-elle malade indépendamment de la présence de l'oïdium, ou l'oïdium est-il la cause réelle de la maladie?

On comprend qu'en présence d'une semblable question, bien des opinions ont dû être émises.

Les exposer ici ne serait peut-être pas sans intérêt, mais nous serions conduit au-delà des limites tracées. Qu'il nous suffise de dire, qu'avant toute étude, notre opinion était formée, et que nous avons été heureux de la voir confirmée surtout par M. N. Basset, professeur de chimie appliquée à l'agriculture et à l'industrie, qui a fait peut être le meilleur ouvrage connu sur la vigne et

dans lequel il est longuement traité de *la gelée et de l'oïdium.*

Comme ce savant, nous croyons que la vigne est malade indépendamment de la présence de l'oïdium, et que
si la vigne n'était pas malade par elle-même il passerait
tout à fait inaperçu, et M. Basset en a déduit ce principe
d'après les travaux de MM. Amici, le célèbre chimiste
de Florence; Charles Martin, professeur de botanique à
la Faculté de Montpellier; Gaschet, de Conégliano, Le-
veillé, Decaisne, Huard, Delpy. Tous ont démontré de
la manière la plus péremptoire que les tissus de la
vigne sont altérés intérieurement avant l'existence de
l'oïdium.

Quelles sont donc les causes de la maladie de la
vigne?

Nombre de causes ont été données comme détermi-
nant la maladie de la vigne; leur énumération est longue et curieuse et nous entraînerait trop loin. Cependant,
nous exposerons ici, sans les discuter, les quelques opinions qui, sans nous paraître vraies, sont cependant ap-
puyées sur quelques motifs plus ou moins fondés.

Les uns on dit: *La maladie de la vigne doit être attri-
buée à la dégénérescence générale des cépages.* Les autres:
La vigne a trop de santé; elle est dans un état de phlétore.
Ceux-ci: *La vigne est atteinte de chlorose; cette affection*

pourrait s'appeler hydroëmie de la vigne. Ceux-là : La maladie de la vigne est déterminée par la culture forcée à laquelle elle est soumise dans les serres. Ailleurs on a écrit : *La maladie de la vigne est causée par l'attaque des insectes, par les émanations du gaz et les vapeurs des produits chimiques, etc., etc.*

N'adoptant avec M. Basset aucune de ces opinions, qu'il serait facile de réduire à néant, nous dirons avec le savant chimiste que la véritable cause de la maladie de la vigne est dans un affaiblissement de la plante, et que cet affaiblissement a sa source dans *le défaut d'assolement, la privation ou la diminution des matières alimentaires et des substances excitantes.*

Il est de toute évidence que le défaut d'assolement contribue à l'affaiblissement de quelque plante que ce soit.

Le principe le plus rationnel et le moins contesté de l'agriculture est celui de l'alternance des récoltes, et la science moderne en a consacré l'application.

Nous l'avons dit ailleurs, une plante qui croît dans un même sol s'assimile tout d'abord les éléments qui lui conviennent davantage, et, d'après un temps quelquefois assez limité, elle ne trouve plus autour d'elle la nourriture dont elle a besoin, si, périodiquement, une main intelligente ne vient la lui procurer.

Si, en effet, une récolte donnée enlève au sol une certaine quantité d'humus et d'autres substances alibiles à l'état de carbone, d'hydrogène, d'oxygène et d'axote, combinés dans l'organisme sous diverses formes ; si elle a absorbé une certaine proportion de potasse, de phosphate de chaux, il est clair que si l'on fait revenir de nouveau cette plante sur le même terrain sans restituer au sol l'humus et les principes minéraux qu'il a perdus, cette plante trouvera moins de richesses dans la couche arable qu'elle n'en a trouvé la première année, elle y sera moins bien, et si l'on continue à la cultiver ainsi dans son même sol, l'appauvrissement deviendra tel que les récoltes seront insignifiantes et que les produits seront de plus en plus chétifs sous le rapport de la qualité et de la quantité.

Si ce principe est vrai pour toutes les plantes, pourquoi faire exception pour la vigne, et pourquoi voudrait-on la forcer à vivre dans des conditions autres que celles que la nature a si sagement établies pour tous les végétaux en général ?

Il y a des plantes que, dans ce système de l'assolement, on est convenu d'appeler *améliorantes* ou *épuisantes*. Sans nul doute, la vigne doit être placée parmi les dernières, et il suffit pour s'en convaincre d'examiner comment cette plante se conduit dans le sol.

La diposition des racines de la vigne est analogue à celle de ses bourgeons aériens ; donc, il s'ensuit que ces racines, se trouvant nécessairement dans les diverses couches du sol arable, puiseront simultanément tous les sucs nutritifs qui se rencontreront sur leur passage. Ce travail d'absorption étant continuel, on comprendra dès lors avec quelle rapidité le sol pourra être épuisé, surtout si la couche arable repose sur un terrain aliotique, imperméable ou de très-mauvaise nature, de manière à gêner le développement des racines inférieures ou même à les détruire.

Le rapprochement des ceps est aussi une cause du prompt épuisement du sol. Et pourrait-il en être autrement, lorsque, dans nos champs, et dès la troisième année, avant que la plante soit en rapport, les racines se touchent et se nuisent mutuellement.

Il est donc facile de saisir qu'une plante traçante, tenue à l'étroit dans un sol épuisé où elle ne trouve plus les aliments nécessaires à son existence, cesse de donner des produits aussi abondants. Il n'est pas moins facile de voir que que cette privation forcée des matières alimentaires et excitantes doit amener invinciblement l'affaiblissement et le marasme.

Quelles sont les matières alimentaires que réclament spécialement la vigne?

Les diverses observations et surtout l'analyse, le plus puissant moyen que la science moderne ait à sa disposition, nous indique que la *chaux*, le *phosphate*, mais surtout la *potasse* sont les trois éléments qui conviennent surtout à la plante dont nous nous occupons. Les analyses suivantes que nous donnons suffisent amplement pour le démontrer.

D'après une analyse de M. Cresso, et publiée par M. Basset, les cendres de la vigne renferment, sur cent parties en poids :

Potasse.	37,482
Soude	1,336
Chaux	34,334
Magnésie	1,055
Phosphate de fer	1,564
» de chaux	15,694
Sulfate de chaux	6,186
Chlorure de sodium	1,614
Silice	0,725

Une analyse, rapportée par M. Berthier, donne les éléments suivants, pour les cendres de la vigne :

Matières solubles (sels alcalins) sur cent parties :	Acide carbonique	25,8
	» sulfurique	7,0
	» chlorhydrique	1,5
	Silice	»
	Potasse } Soude }	65,7
		——
		100,0

$$\text{Matières insolubles sur cent parties :} \left\{ \begin{array}{l} \text{Acide carbonique. .... 33,0} \\ \text{» phosphorique... 7,8} \\ \text{Silice................. 11,5} \\ \text{Chaux................. 45,5} \\ \text{Magnésie............. 2,2} \\ \text{Oxyde de fer........traces} \end{array} \right.$$

Le chiffre du phosphate de chaux, qui se trouve dans cent parties de la matière insoluble des cendres, s'élève à dix-sept.

Selon Geiger, mille parties de *larmes de vigne* contiennent 974,7 d'eau et 5,3 de matières solides.

Il est évident que d'après ces différentes analyses le sol où croît la vigne devra contenir ces trois éléments qui prédominent, c'est-à-dire la chaux, le phosphate et la potasse, si l'on veut maintenir la plante dans cet état de vigueur et de prospérité qui annoncent force et santé. Il est évident, en outre, que l'absence de ces mêmes éléments contribuera, dans un temps plus ou moins long, à affaiblir la plante et à la prédisposer à l'invasion des diverses maladies. Ces maladies, comme on le sait, varient suivant les climats, les températures, les végétaux; et selon que ces derniers se trouvent dans un état plus avancé d'affaiblissement, l'intensité du mal est plus grande et, par suite, plus difficile à guérir.

CHAPITRE IX

Parallèle entre l'Oïdium albicans ou Muguet et
l'Oïdium tuckeri ou maladie de la vigne.

Les plantes ont une immense analogie avec les animaux et, de même que ces derniers sont plus aptes à
subir les influences délétères d'une épidémie régnante
s'ils sont dans un état de faiblesse et de dépérissement,
de même les plantes sont-elles aussi sujettes à subir les
fâcheuses influences du sol et de l'atmosphère, si dans
l'un comme dans l'autre ne se rencontrent plus les éléments de la vitalité.

Pour ce qui concerne l'oïdium, nous pensons qu'il ne
sera pas sans intérêt d'établir le parallèle qui existe entre une maladie qui atteint souvent l'homme dans son
enfance et qui n'exerce sa funeste influence que sur les
sujets faibles et débilités. Nous voulons parler de l'*oïdium albicans* ou *muguet*.

Nous emprunterons au *Traité de pathologie interne*, de
M. Grisolle, professeur de clinique interne à la Faculté de

Médecine de Paris, les quelques notions que nous allons donner sur cette affection qui, comme nous l'avons déjà dit, a de nombreux et singuliers rapports avec l'affection de la vigne. Nous allons décrire d'abord la maladie, et plus loin nous ferons ressortir les rapports qu'elle a avec l'oïdium de la vigne.

Le muguet est une forme de stomatite caractérisée par l'exsudation sur la muqueuse buccale de petites concrétions blanchâtres disséminées ou confluentes, sur lesquels naît un cryptogame de la famille des mucédinées, l'*Oïdium albicans.*

« D'après M. Charles Robin (1), le muguet est composé : 1º de filaments tubuleux, sporifères ; 2º de spores globuleuses ou ovoïdes dans l'origine.

» Les filaments tubuleux (racines, tiges, Gruby, fibrilles, Berg) sont cylindriques, allongés, droits ou incurvés en divers sens. Ils sont larges de 0ᵐ003 à 0ᵐ004 (rarement moins et quelquefois de 0ᵐ005) sur 0ᵐ05 à 0ᵐ60 de long, et même plus, suivant la période de développement à laquelle ils sont arrivés. Les bords sont foncés, nettement limités, ordinairement parallèles. L'intérieur du tube est transparent, de couleur légèrement ombrée.

---

(1) *Histoire naturelle des végétaux parasites qui croissent sur l'homme et les animaux.* Paris 1853. p. 488.

» Ces filaments tubuleux sont formés de cellules al
longées, articulées bout à bout, et longues en général de
0ᵐ020 ; lesquelles ont cependant quelquefois plus du
double près de l'extrémité adhérente. En général, elles
diminuent de longueur en approchant de l'extrémité
sporifère ou libre, de manière à n'avoir plus que 0ᵐ010
environ. Ils sont tous ramifiés (à l'état adulte) une ou
plusieurs fois ; ces ramifications sont aussi composées
de cellules comme les filaments d'où elles partent.
Tantôt elles sont aussi ou plus longues que ceux-ci mêmes, tantôt elles ne sont formées que d'une cellule
courte et arrondie, ou seulement de deux ou trois cellules allongées. Ces filaments et leurs branches sont cloi-
sonnées d'espace en espace, et ordinairement un peu
étranglés au niveau des cloisons ; celles-ci sont consti-
tuées par l'accolement des extrémités arrondies des deux
cellules. C'est contre l'étranglement articulaire ou un
peu au-dessous, contre la paroi du filament, que sont
insérées les ramifications ; elles ne communiquent jamais avec la cavité des cellules.

» Les chambres limitées par les cloisons renferment
ordinairement quelques granules moléculaires ayant
0ᵐ001 à 0ᵐ002, de teinte foncée, et souvent doués du
mouvement brownien. L'extrémité d'origine ou adhérente des filaments est ordinairement cachée au centre

d'amas de spores isolées ou mêlées avec des cellules épithéliales. Cependant on peut l'isoler; alors on voit que la première cellule est un prolongement d'une spore, et qu'il y a libre communication entre leurs cavités. L'extrémité libre ou sporifère des filaments ou de leurs ramifications est ou arrondie sans renflement, ou formée par une cellule sphéroïde plus grosse que les précédentes, et séparée d'elles par un étranglement très-prononcé ; quelquefois celle-ci est prolongée par une ou deux cellules très-petites.

» Les spores sont sphériques ou un peu allongées, à bords nets et foncés, à cavité transparente, d'une teinte marbrée et réfractant assez fortement la lumière ; elles contiennent au centre une fine poussière douée du mouvement brownien, et souvent un ou deux granules de 0,0006 1,001 doués du même mouvement ; elles se mettent rarement en chapelet, au nombre de deux à quatre, à la suite l'une de l'autre. Un certain nombre de ces spores flottent librement, mais la plupart adhèrent fortement aux cellules épithéliales de la muqueuse buccale. »

Relativement à l'abondance de l'éruption, le muguet a été divisé en *discret* et *confluant*; mais une division plus importante est celle qui distingue le muguet en *idiopathique* et en *symptomatique* ou *consécutif*. Le pre-

mier affecte des sujets bien portants et constitue une
maladie toute locale ; le second, au contraire, se dé-
clare chez les individus affaiblis et arrivés à une période avancée d'une maladie aiguë ou chronique. Le
muguet idiopathique est spécial à l'enfance, celui qui
est symptomatique est commun à tous les âges.

Sans nous occuper ni des symptômes, ni du pronostic
de cette affection, nous dirons cependant, et toujours
avec M. Grissolle, que la manifestation du muguet
chez un individu déjà malade, quel que soit d'ailleurs
son âge, est toujours une circonstance du plus fâcheux
augure. Il peut se montrer à tous les âges, mais dans les
proportions les plus inégales. Il atteint surtout les enfants chétifs, nés avant terme et vivant dans des conditions hygiéniques mauvaises. Aussi il est reconnu que
les enfants placés dans un milieu humide, mal propre, ou
entassés dans des salles mal aérées ; que ceux dont l'alimentation est mauvatse, insuffisante, sont plus exposés
au muguet. C'est ce qui explique pourquoi l'affection
règne si souvent d'une manière épidémique ou endé-
mique dans les hospices ; pourquoi elle est incompara-
blement plus commune chez l'enfant du pauvre que
chez celui du riche. Il règne en toute saison ; mais plus
spécialement dans la saison chaude, et il est plus commun dans le Midi que dans le Nord.

Le muguet, pour naître, exige une condition spéciale qu'on pourrait même appeler, avec M. Gubler, condition indispensable. D'après ce savant, l'*oïdium albicans* ne peut se développer que lorsque les liquides de la bouche cessent d'être alcalins, et deviennent, sous certaines influences morbides, habituellement acides (1).

La médication préconisée pour arrêter les progrès du muguet a consisté dans l'emploi des alcalins, tels que le borax, le chlorate de potasse. Changer les qualités du milieu où croît ce cryptogame, tel est le but que l'on se propose par l'emploi de ces différents sels; aussi conseille-t-on au même titre les autres alcalins et en particulier l'eau de Vichy.

Il va sans dire que cette médication n'aurait qu'un effet médiocre, si l'emploi des moyens hygiéniques étaient négligés.

Nous venons d'exposer en quoi consistait le *muguet* ou l'*oïdium albicans*, son origine, ses causes, sa marche et son traitement; voyons maintenant quels rapports existent entre cet oïdium décrit et l'oïdium de la vigne.

L'*oïdium tuckeri* appartenant également à la famille

---

(1) D'après tous les physiologistes, la salive est *alcaline*. On la trouve quelquefois neutre ou même faiblement acide le matin, mais celle qui s'écoule dans la bouche au moment du repas est toujours alcaline. La salive doit son alcalinité au phosphate de soude tribasique.

des mucédinées, est formé, lui aussi, de petits filaments brillants enchevêtrés les uns dans les autres. Cette partie du parasite porte le nom de mycelium. Au-dessus du mycelium s'élèvent des filets libres à leur extrémité supérieure et terminés par un renflement ovoïde. Ces filets sont articulés ou paraissent formés de petits tubes soudés bout à bout. La partie avide des filaments porte le nom de *spore*; les spores sont creusés et renferment une multitude de petits grains appelés sporules. Ces sporules sont tellement petites qu'elles ne peuvent être aperçues qu'à l'aide d'un microscope; elles ont la forme d'un ellipsoïde allongé et aplati; elles possèdent elles-mêmes une enveloppe et renferment des granules d'un volume excessivement faible. Lorsque les spores se rompent, les sporules s'en échappent. Ce sont les sporules qui reproduisent et perpétuent l'oïdium.

L'extrême ténuité des sporules et celle beaucoup plus grande des globulins qu'elles renferment, permettent de comprendre qu'elles puissent pénétrer dans les anfractuosités les plus petites et que, charriées dans la sève de la vigne, elles puissent circuler avec elle (1).

____

(1) Cette idée émise par M. Baudrimont, que les globulins de sporules, à cause de leur extrême petitesse, peuvent être introduits dans la sève et circuler avec elle, s'accorderait avec des expériences récemment faites et que nous retrouvons dans le journal de l'*Union médicale*,

L'oïdium albicans naît spontanément et le plus souvent par suite de conditions spéciales. L'oïdium tuckeri différerait en ce que, selon nous, il ne s'implante sur le végétal que parce que celui-ci est déjà souffreteux et a subi un commencement d'altération. De même que le

---

du 29 juin 1865, et qui paraît au moment où nous écrivons ces lignes. Voici l'article :

Action du Penicilliun-glaucum et de l'oïdium Tuckeri sur l'économie animale.

Au mois de décembre 1863, M. Wertheim avait fait, à la Société impériale de Vienne, une importante communication relativement à la nature et au mode de propagation du psoriasis. Ayant injecté dans la jugulaire de plusieurs chiens 8 à 10 centimètres cubes d'eau distillée tenant en suspension des débris de *Penicillium-glaucum*, il avait constaté sur les jambes des animaux, vingt-quatre heures après l'opération, de petites tumeurs rouges phlegmasiques, dont les caractères objectifs rappelaient ceux d'une éruption psoriasique, et, de plus, il avait retrouvé les éléments du champignon dans les parties malades, et constaté l'obstruction des capillaires. Il avait conclu de ces faits que les spores du *Penicillium-glaucum*, introduites dans le sang par une voie quelconque, naturelle ou artificielle, étaient susceptibles de s'arrêter dans les vaisseaux de la périphérie et d'y produire une maladie de la peau analogue ou identique au psoriasis.

Dans le même ordre d'idées, M. Colin a communiqué à l'Académie de médecine sept faits dans lesquels il s'agit de personnes qui, en taillant leurs vignes couvertes d'*oïdium*, se sont blessées et ont été consécutivement atteintes d'accidents graves : érupsion vésiculeuse, puis inflammation phlegmoneuse et gangréneuse. état général alarmant, enfin éruption d'*oïdium albicans*.

Ces expériences ont eu des contradicteurs, mais quel est le point de la science qui a pu être admis avant d'avoir subi l'épreuve de la contradiction et même de la réfutation?

muguet atteint plus spécialement les individus malingres et affaiblis, de même aussi le parasite de la vigne se porte plus facilement vers les plants chétifs et habitants des lieux marécageux et humides, et qui se font remarquer par leur acidité, acidité qui donne surtout˙ naissance aux cryptogames et aux végétaux tout à fait inférieurs.

Les alcalins sont justement préconisés pour le traitement de la maladie dans laquelle apparaît l'oïdium albicans; nous verrons plus loin que la potasse, l'alcali par excellence, doit absolument être employé si l'on veut se débarrasser d'une manière définitive de l'oïdium tuckeri.

Après ce parallèle que nous venons d'établir entre les deux espèces d'oïdium, il nous serait facile également de constater les analogies qui pourraient exister entre la maladie de la vigne et certaines autres maladies qui affligent l'homme. Ces maladies nous les trouverions parmi celles dites cutanées. Et, avant d'aller plus loin, nous ferons observer que l'oïdium est pour nous une véritable maladie de peau dont l'intensité est en raison directe de l'affection interne.

De même que l'oïdium apparaît le plus souvent, comme nous l'avons déjà dit, sur les ceps placés dans les plus mauvaises conditions, ainsi la *pellagre*, cruelle et funeste

maladie, est commune chez les individus dont la constitution a été détériorée par la misère et par les conditions
hygiéniques les plus déplorables.

Ainsi, il est actuellement prouvé que le *psoriasis* ou
lèpre vulgaire, affection cutanée si longtemps rebelle à
tous les traitements dirigés contre elle, est liée à un état
général mauvais de l'organisme qui la fait naître et
l'entretient.

Ce qui causait jusqu'ici l'insuccès de toutes les médi-
cations essayées, c'est qu'on attaquait seulement l'effet
au lieu de la cause, ou la lésion externe au lieu du mal
général d'où elle dépend.

Ainsi, les bains médicamenteux les plus variés étaient
tout à fait insuffisants pour faire disparaître les plaques
rouges, élevées, écailleuses, qui couvrent le corps des
malheureux atteints de cette affection. Il fallait s'adres-
ser à la cause prochaine, inconnue, il est vrai, dans son
essence, mais qui existe certainement; car si, pour le
combattre, on fait prendre aux malades des préparations
arsénicales, cette médication interne jointe à des bains
sulfureux, et surtout à des bains de sublimé corrosif,
enrayent immédiatement et guérissent bientôt un mal
considéré longtemps comme incurable.

La *pellagre*, le *psoriasis* ne sont point les seules affections qui nous permettraient d'établir des points de res-

semblance entre l'organisme malade de l'homme et celui des plantes. On pourrait en citer beaucoup d'autres, et en particulier toutes les affections scrofuleuses que l'on ne peut améliorer que par un traitement interne et long-temps prolongé.

REMÈDE CURATIF DE LA VIGNE.

Pour la vigne, il fallait donc un remède spécifique et en même temps curatif. Qui nous le procurera? la potasse. Oui la potasse est l'élément spécial de la vigne, et nous avons pu nous convaincre, d'après des recherches faites par nous-même sur la sève de la vigne, qu'une partie de ce sel manquait souvent dans les plantes qui avaient souffert de l'oïdium.

En présence de ces faits, nous avons été autorisés à croire que l'absence de la potasse dans les endroits où croît la vigne était la cause principale de la maladie. Notre affirmation était connue et nous soutenions cette opinion dans diverses publications, lorsque la bonne fortune a voulu qu'un savant éminent, et faisant autorité dans la science agricole, se livrât aux mêmes recherches que nous et arrivât encore à des résultats plus positifs. Voici ce que nous trouvons à ce sujet dans la *Revue agricole du Midi*, du 1er mars 1865.

« Dans a séance du 19 janvier dernier, de l'Académie des Sciences de Toulouse, M. Filhol a donné lecture d'une note intéressante, relative à l'analyse de la cendre de sarments de vigne atteinte d'oïdium. D'après un viticulteur, cette cendre serait absolument dépourvue de potasse et l'absence de cette base serait la cause de la maladie de la vigne. M. Filhol est arrivé à des résultats différents, car il a trouvé dans la cendre provenant des sarments et des ceps atteints d'oïdium qui lui ont été remis par son collègue, M. Clos, 6 p. 100 de potasse. Il n'est donc pas exact de dire que cette base manque dans les sarments ou les ceps malades, mais il faut reconnaître qu'elle s'y trouve en proportion moindre que dans les ceps qui n'ont pas été atteints par l'oïdium, car les analyses des cendres des sarments qui ont été faites jusqu'à ce jour, indiquent l'existence, dans ces cendres, de 20 p. 100 au moins de potasse.

» Le fait révélé par M. Filhol, le savant chimiste de Toulouse, a une grande importance. En montrant la coïncidence de la potasse dans les sarments avec l'oïdium, il fait entrevoir l'une des causes probables du développement de ce cryptogame, en même temps que le moyen d'en prévenir les effets *par l'addition de potasse dans le sol.*

» Si maintenant nous parcourons l'opuscule de

M. Couerbe, intitulé : *Faits pour servir à la physiologie de la vigne, considérés dans leurs rapports avec l'oïdium,* et où se révèle une science aussi profonde qu'éclairée, nous verrons que l'auteur conclut de la manière la plus positive à l'emploi de la *potasse* comme un des engrais qui doivent assurer la fertilité et la santé de la vigne. Voici ce qu'il dit, page 45 :

« La potasse est un des éléments indispensables à l'élaboration des produits de la vigne, de *son fruit princ - palement.* Il est d'ailleurs reconnu, comme faits acquis à la science, que la potasse exerce une action des plus favorables sur toutes sortes de cultures, sur celle de la vigne notamment, le *vitis* étant une plante tout à la fois à chaux et à potasse. Ceci est si vrai que, dans une portion de ma propriété où j'ai coutume de répandre le tartre de mes premiers soutirages, j'obtiens constamment une plus grande abondance de récolte.

» *Ajouter de la potasse au sol des vignes est donc, dans tous les cas, la prescription la plus rationnelle que l'on puisse préconiser.* »

Enfin, si nous consultons les œuvres des anciens, Columelle nous dira qu'au lieu de brûler les sarments pour en obtenir les cendres, on les coupait à petits morceaux et on les déposait ainsi au pied du cep. On était convaincu que, par ce procédé, on rendait au sol des élé-

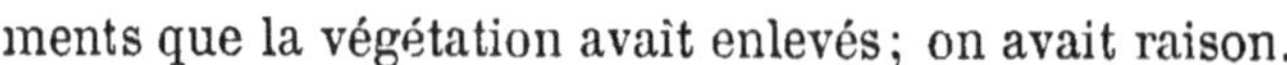

ments que la végétation avait enlevés ; on avait raison.

Ce sont donc les sels de potasse qui doivent être employés pour hâter la restauration de la vigne. La potasse a une immense influence sur certaines plantes, et est un des grands éléments de la végétation ; il est à remarquer que ce sont précisément les plantes qui en contiennent et en réclament le plus, qui sont aujourd'hui atteintes de maladie : les pommes de terre, les betteraves. Ces faits, qui parlent assez d'eux-mêmes, nous prouvent de la manière la plus évidente que les sols sont épuisés soit par une trop longue culture de la même plante, soit par une indifférence en matière de culture qui fait que l'on ne s'étudie pas à rendre à la terre ce qu'elle a perdu.

Disons en passant que les engrais trop azotés ne conviennent nullement à la vigne, car la vigne est une plante à sucre, et ces engrais s'opposent à la production du sucre ; ils produisent la fermentation, hâtent la décomposition interne et favorisent le développement des moisissures. Pour la vigne surtout cette règle est rigoureuse, car plus que toutes les autres plantes, elle a une tendance à subir tous les effets de la fermentation interne. M. Petit-Lafitte, le digne professeur d'agriculture de la Gironde, affirme de la manière la plus formelle que l'emploi d'engrais énergiques est toujours défavorable aux vins de choix dans le pays où nous sommes, c'est toujours la qualité qui doit être préférée à la quantité, puisque au point de vue même commercial, la première a la plus grande valeur. Il est facile de rencontrer dans le bordelais des propriétés qui ont été complètetement altérées par l'emploi du fumier trop fort, et il a, fallu bien des années pour rétablir ces vignes dans leur état primitif.

Entretenez une vigne par des engrais ou des amendements réparateurs, ayant pour base les principes absorbés ; avec cela, donnez-lui tous les soins convenables et l'oïdium disparaîtra comme par enchantement, ou pour mieux dire, la sève revenant à son état normal et possédant toutes les conditions voulues de vitalité, votre vigne ne sera pas malade, et ne pourra, par conséquent, ni contracter l'oïdium, ni lui donner naissance.

CONCLUSION

—

Nous aurions pu donner plus de développements à ces quelques pages, mais nous avons craint d'être long. Et puis, faut-il le dire, on ne lit plus les livres trop volumineux. Notre époque ne veut pas cela : il faut qu'on apprenne vite; peu importe que la science acquise soit suffisante, pourvu qu'il y ait quelque apparence, on est satisfait. Aussi n'est-il pas étonnant de rencontrer à chaque pas de ces demi-savants qui entravent pour un temps, il est vrai, les progrès de la science. Mais celle-ci, qui, par essence, tient à la vérité, renverse tous les obstacles et finit par triompher.

Disons-le sans crainte, tant que la science sera en de pareilles mains, de funestes et terribles conséquences seront à redouter. « Peu de science éloigne de Dieu, beaucoup en rapproche » a dit un sage. Et il avait raison.

TABLE

—